ML Mathematik für die Lehrerausbildung

Buchmann
Nichteuklidische Elementargeometrie
Einführung in ein Modell
126 Seiten. DM 18,80

Freund/Sorger
Aussagenlogik und Beweisverfahren
136 Seiten. DM 14,80

Kreutzkamp/Neunzig
Lineare Algebra
136 Seiten. DM 15,80

Messerle
Zahlbereichserweiterungen
119 Seiten. DM 15,80

Walser
Wahrscheinlichkeitsrechnung
164 Seiten. DM 15,80

Die Reihe Mathematik für die Lehrerausbildung
wird durch weitere Bände fortgesetzt.

Preisänderungen vorbehalten.

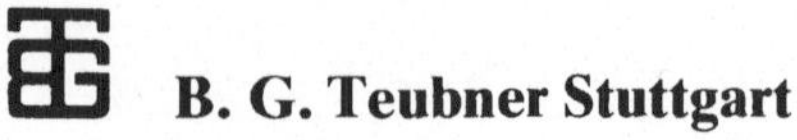

B. G. Teubner Stuttgart

Mathematik für die Lehrerausbildung

Th. Kreutzkamp / W. Neunzig
Lineare Algebra

Mathematik für die Lehrerausbildung

Herausgegeben von
Prof. Dr. G. Buchmann, Flensburg, Prof. Dr. H. Freund, Kiel
Prof. Dr. P. Sorger, Kiel, Dr. W. Walser, Baden/Schweiz

Die Reihe Mathematik für die Lehrerausbildung behandelt studiumsgerecht in Form einzelner aufeinander abgestimmter Bausteine grundlegende und weiterführende Themen aus dem gesamten Ausbildungsbereich der Mathematik für Lehrerstudenten. Die einzelnen Bände umfassen den Stoff, der in einer einsemestrigen Vorlesung dargeboten wird. Die Erfordernisse der Lehrerausbildung berücksichtigt in besonderer Weise der dreiteilige Aufbau der einzelnen Kapitel jedes Bandes: Der erste Teil hat motivierenden Charakter. Der Motivationsteil bereitet den zweiten, theoretisch-systematischen Teil vor. Der dritte, auf die Schulpraxis bezogene Teil zeigt die Anwendung der Theorie im Unterricht. Aufgrund dieser Konzeption eignet sich die Reihe besonders zum Gebrauch neben Vorlesungen, zur Prüfungsvorbereitung sowie zur Fortbildung von Lehrern an Grund-, Haupt- und Realschulen.

Lineare Algebra

Von Dr. rer. nat. Th. Kreutzkamp
Professor an der Pädagogischen Hochschule Freiburg

und Dr. phil. W. Neunzig
Professor an der Pädagogischen Hochschule Freiburg

1975. Mit 24 Figuren sowie zahlreichen Beispielen und Aufgaben

 B. G. Teubner Stuttgart

Prof. Dr. rer. nat. Theo Kreutzkamp

Geboren 1941 in Hildesheim. Von 1960 bis 1966 Studium
der Mathematik in Innsbruck, München und Göttingen. 1966
Diplom in Mathematik. Von 1967 bis 1971 wiss. Assistent
am Mathematischen Institut A der Universität Stuttgart,
1969 Promotion, 1970 2. Staatsexamen. Seit 1971 Dozent,
seit 1973 Professor an der Pädagogischen Hochschule Freiburg.

Prof. Dr. phil. Walter Neunzig

Geboren 1926 in Köln. Von 1946 bis 1951 Studium der
Mathematik und Physik in Köln, 1951 Staatsexamen. Von
1951 bis 1966 im Schuldienst am Hansa-Gymnasium in
Köln. Von 1962 bis 1966 Studium der Pädagogik und Phi-
losophie an der Universität Köln, 1966 Promotion in Pädagogik. Seit 1966 Professor für Mathematik und Didaktik der
Mathematik an der Pädagogischen Hochschule Freiburg.

CIP-Kurztitelaufnahme der Deutschen Bibliothek

Kreutzkamp, Theo
Lineare Algebra.
  (Mathematik für die Lehrerausbildung)
    ISBN 978-3-519-02704-1   ISBN 978-3-322-94755-0 (eBook)
    DOI 10.1007/978-3-322-94755-0
NE: Neunzig, Walter:

Das Werk ist urheberrechtlich geschützt. Die dadurch begründeten
Rechte, besonders die der Übersetzung, des Nachdrucks, der Bildent-
nahme, der Funksendung, der Wiedergabe auf photomechanischem
oder ähnlichem Wege, der Speicherung und Auswertung in Datenver-
arbeitungsanlagen, bleiben, auch bei Verwertung von Teilen des
Werkes, dem Verlag vorbehalten.
Bei gewerblichen Zwecken dienender Vervielfältigung ist an den Ver-
lag gemäß § 54 UrhG eine Vergütung zu zahlen, deren Höhe mit dem
Verlag zu vereinbaren ist.
©B. G. Teubner, Stuttgart 1975

Umschlaggestaltung: W. Koch, Sindelfingen

Vorwort

Der vorliegende Band behandelt die für das Studium und die spätere Unterrichtstätig-
keit der Lehrer an Grund-, Haupt- und Realschulen wesentlichen Themen aus dem Bereich der Linearen Algebra.

Entsprechend der Zielsetzung der Reihe Mathematik für die Lehrerausbildung haben
die Verfasser auf eine relativ breite Darstellung Wert gelegt, die insbesondere durch die
Dreiteilung der einzelnen Abschnitte in einen motivierenden Teil A, einen methodisch-
systematischen Teil B und einen praxisorientierten Teil C dem Leser den Zugang zu
diesem Gebiet erleichtert.

Ein erster überblickartiger Zugang zu dem jeweiligen Problemkreis wird dem Leser in
den A-Teilen eröffnet. In besonders einfacher und durchsichtiger Form werden die
einzelnen Probleme umrissen, Querverbindungen aufgezeigt und erste Hinweise zur
Lösung gegeben. Die in den A-Teilen angeschnittenen Fragen werden in den B-Teilen
exakt formuliert und systematisch gelöst.

In den C-Teilen knüpfen die Verfasser an die Überlegungen aus den A-Teilen an, um
dann Wege zur Übersetzung des methodisch-systematischen Teiles in die Schulpraxis
aufzuzeigen.

Bei der Darstellung wird ferner darauf geachtet, daß der Vektorraumbegriff als eine
grundlegende mathematische Struktur bei der Behandlung von linearen Gleichungs-
systemen und linearen Abbildungen besonders hervortritt, um hierdurch die inneren
Zusammenhänge hervorzuheben und das Verständnis zu fördern. Im Hinblick auf die
Anwendungen wird neben den üblichen Themen insbesondere der Problemkreis Lineare
Optimierung behandelt.

Der erste Abschnitt enthält die grundlegenden Begriffe und Sätze über den Vektorraum,
die am Beispiel eines vierdimensionalen Einkaufsvektorraums veranschaulicht werden.
Die systematischen Ausführungen dieses Abschnitts werden durch vorwiegend endlich-
dimensionale Beispiele aus verschiedenen Gebieten der Mathematik abgerundet. Die
Vektoren des dreidimensionalen bzw. zweidimensionalen Anschauungsraums als wichtige Beispiele für eine Vektorraumstruktur werden ausführlich im C-Teil dieses Abschnitts dargestellt, da es sich hierbei größtenteils um Schulstoff aus der Sekundarstufe
I und II handelt.

Die erzielten Ergebnisse werden im zweiten Abschnitt dazu verwendet, den Problemkreis lineare Gleichungssysteme im Zusammenhang mit dem Vektorraumbegriff zu
erläutern. An die begriffliche Klärung schließt sich das eher praktische Problem an,
welches Verfahren man zur Lösung linearer Gleichungssysteme verwenden soll. Als
Standardverfahren wird hierzu das Gaußsche Eliminationsverfahren ausführlich an
Beispielen und danach auch allgemein erläutert. Am Schluß des Abschnitts wird auf
die elementaren Umformungen einer (m, n)-Matrix und deren Rangbestimmung einge-
gangen, wobei wiederum der Bezug zu linearen Gleichungssystemen hergestellt wird.

Im dritten Abschnitt werden lineare Abbildungen zwischen Vektorräumen erklärt und
der Zusammenhang mit Matrizen diskutiert. Die Anwendungsmöglichkeiten von Matrizen im Schulunterricht werden ausführlich im C-Teil dieses Abschnitts behandelt.

Im vierten Abschnitt werden die in den vorangegangenen Abschnitten gewonnenen Ergebnisse dazu benutzt, um den Problemkreis Lineare Optimierung insbesondere an Beispielen zu erläutern. Besonderer Wert wird darauf gelegt, Gründe und Möglichkeiten für die Behandlung von Fragestellungen der Linearen Optimierung in der Schule anzusprechen.

Freiburg, im Frühjahr 1975   Th. Kreutzkamp, W. Neunzig

Inhalt

1. Vektorraum, Untervektorräume, Basis

A

1.1 Einkaufsvektorraum als Modell eines endlich-dimensionalen Vektorraums V

1.1.1 Einführung der Menge V

Ein Großhändler hat sich auf den Import und den Verkauf von folgenden vier Gewürzen aus Indien spezialisiert:

$$\text{Curry (C); Koriander (K); Pfeffer (P); Safran (S)}$$

Für seine Buchführung verwendet der Großhändler ein vereinfachtes Verfahren, um den Wareneingang und den Verkauf zu notieren. So enthalten z. B. seine Rechnungen und andere Formulare folgende Vordrucke:

$$(\ldots\ldots\ldots C, \ldots\ldots\ldots K, \ldots\ldots\ldots P, \ldots\ldots\ldots S)$$

In die Leerstellen werden die Gewichte der bezogenen oder verkauften Waren in Kilogramm eingetragen, wobei jedoch die Bezeichnung kg ausgelassen wird. So können z. B. in einer Wareneingangsliste folgende Eintragungen vorkommen

$$
\begin{array}{llllll}
6.\ 7.\ 1973 & (125 & C, & 85,5\ K, & 270 & P, & 192,3\ S) \\
 & (\ \ 0 & C, & 0\ K, & -34,6\ P, & & 0 & S) \\
15.\ 7.\ 1973 & (175,8\ C, & & 0\ K, & 151,6\ P, & 200 & S) \\
16.\ 7.\ 1973 & (-50 & C, & -26,5\ K, & -81 & P, & 0 & S)
\end{array}
$$

Diese Angaben bedeuten im einzelnen: Am 6. 7. 1973 hat der Großhändler folgende Waren bezogen

125 kg Curry	270 kg Pfeffer
85,5 kg Koriander	192,3 kg Safran

Bei dieser Sendung sind auf dem Transport 34,6 kg Pfeffer durch Beschädigung unbrauchbar geworden, bei den anderen Gewürzen dagegen nichts. Daher wird bei Curry, Koriander und Safran je eine Null eingetragen, bei Pfeffer die negative Zahl −34,6.

Am 15. 7. 1973 hat der Händler weitere Waren bezogen, allerdings keinen Koriander.

Am 16. 7. 1973 hat er folgende Gewürze verkauft, was aus den negativen Vorzeichen der betreffenden Zahlen ersichtlich ist:

50 kg Curry	81 kg Pfeffer
26,5 kg Koriander	0 kg Safran

Wir wollen nun dieses Beispiel für die Notationen des Gewürzgroßhändlers weiter ausbauen und eine bestimmte Ausdrucksweise vereinbaren. Dazu überlegen wir, was bis jetzt vorliegt. Jede einzelne Notation des Händlers besteht aus vier Gewichtsangaben in Kilogramm, die abhängig von der Warenart, nämlich den vier Gewürzen, in einer bestimmten Reihenfolge in einer Klammer durch Kommata getrennt aufgeführt werden.

A Als Maßzahlen für die Gewichte dienen die rationalen Zahlen, also die Elemente von Q.

Erklärung Jedes Quadrupel, das in der vorgegebenen Reihenfolge aus den Gewichtsangaben von vier bestimmten Warenarten besteht (in unserem Beispiel sind es die vier Gewürze Curry, Koriander, Pfeffer und Safran) und durch die folgende Schreibfigur angegeben wird

$$(x_1\ C, x_2\ K, x_3\ P, x_4\ S)$$

heißt ein **V i e r t u p e l** (4-Tupel) oder ein (vierdimensionaler) **W a r e n v e k t o r**. Die Zahlen x_1, x_2, x_3, x_4 sind Elemente aus dem Körper Q der rationalen Zahlen. Die Menge aller möglichen Viertupel oder (vierdimensionalen) Warenvektoren bezeichnen wir mit V.

1.1.2 Verknüpfungen in V

1.1.2.1 Addition Für den Großhändler ist die eingeführte Kurzschreibweise für seinen Wareneingang und -ausgang allein keine genügende Vereinfachung. Er muß darüber hinaus in der Lage sein, verschiedene Posten (Warenvektoren) zusammenzufassen. Das macht er in folgender Form, wenn wir z. B. von dem Wareneingang am 6. 7. (ohne Verlust) und 15. 7. 1973 ausgehen

$$
\begin{array}{llllll}
6.\,7.\,1973 & (125 & C, & 85{,}5\ K, & 270 & P, & 192{,}3\ S) \\
15.\,7.\,1973 & +(175{,}8\,C, & & 0\quad K, & 151{,}6\,P, & 200 & S) \\
\hline
& (300{,}8\,C, & & 85{,}5\ K, & 421{,}6\,P, & 392{,}3\ S)
\end{array}
$$

Sein Vorgehen ist begründet und leicht zu erkennen: Er addiert jeweils die Gewichte der einzelnen Gewürzsorten. Die einzelnen Summen jeder Sorte werden wieder in der vorgeschriebenen Reihenfolge als Warenvektor geschrieben und zeigen ihm, wieviel er gewichtsmäßig an Gewürzen in dem angegebenen Zeitraum bezogen hat. An diesem Beispiel zeigt sich auch, daß es für den Großhändler in erster Linie auf die komponentenweise Addition der Gewichte jeder Gewürzsorte ankommt, weil er nur hieraus einen Überblick über seine Lagerhaltung gewinnen und die entsprechenden Preise berechnen kann. Die Summe der Gewichte aller Gewürze ist ziemlich unerheblich, da sie allenfalls für die Berechnung von Frachtraten und ähnlichem eine Rolle spielt.

Geht es darum festzustellen, welche Waren der Händler aus beiden Einfuhren am 6. 7. und 15. 7. 1973 am Lager hat, so muß er die durch Transportschäden unbrauchbar gewordene Ware berücksichtigen. Dies führt zu folgender Rechnung:

$$
\begin{array}{lllll}
(300{,}8\,C, & 85{,}5\ K, & 421{,}6\,P, & 392{,}3\ S) \\
+(\ \ 0\quad C, & 0\quad K, & -34{,}6\,P, & 200\quad S) \\
\hline
(300{,}8\,C, & 85{,}5\ K, & 387\quad P, & 392{,}3\ S)
\end{array}
$$

Das Vorgehen des Großhändlers, zum Zweck des Überblicks über seinen Warenbestand, Eingänge, Verluste und Ausgänge zusammenzufassen, wollen wir nun verallgemeinern und in der Menge V als Verknüpfung die Addition einführen.

Erklärung In der Menge V der Quadrupel oder (vierdimensionalen) Warenvektoren er-   **A**
klären wir als Verknüpfung die A d d i t i o n   z w e i e r   V e k t o r e n durch folgende
Vorschrift:

$$(x_1\, C, x_2\, K, x_3\, P, x_4\, S) + (y_1\, C, y_2\, K, y_3\, P, y_4\, S)$$

$$= ([x_1 + y_1]\, C, [x_2 + y_2]\, K, [x_3 + y_3]\, P, [x_4 + y_4]\, S)$$

Wie man aus der Erklärung ersieht, wird die Addition von Viertupeln durch die kompo-
nentenweise Addition jeder Gewürzsorte erklärt, also letztlich auf die Addition in der
Menge Q der rationalen Zahlen zurückgeführt. Daraus ergibt sich, daß die Summe zweier
Warenvektoren ein Vektor aus V ist, weil die Summe zweier rationaler Zahlen wieder
rational ist. Damit ist also die Addition in der Menge V abgeschlossen und das Paar
(V, +) ein Verknüpfungsgebilde.

Eigenschaften der Addition in V Beim Addieren von Warenvektoren verwendet der
Großhändler einige Regeln, die ihm ganz selbstverständlich erscheinen und über deren
Richtigkeit er sich nie Gedanken machen würde. Sein Vorgehen wollen wir an je einem
Beispiel erläutern.

Vertauschungsregel (K) Wurden beim Aufschreiben von zwei Warenvektoren diese in der
Reihenfolge vertauscht, so braucht man keine neue Addition durchzuführen, da die
Ergebnisse gleich sind.

```
 ( 87   C,  18,3 K,  130,7 P,  78 S)      ( 54,3 C,  35,6 K,  203   P,  16 S)
+( 54,3 C,  35,6 K,  203   P,  16 S)     +( 87   C,  18,3 K,  130,7 P,  78 S)
 (141,3 C,  53,9 K,  333,7 P,  94 S)      (141,3 C,  53,9 K,  333,7 P,  94 S)
```

In unserem Beispiel ist es naheliegend, die Gültigkeit der Vertauschungsregel zu fordern,
da das Endergebnis bei der Bestellung und Lieferung von mehreren Warenposten keineswegs von der Reihenfolge des Eingangs oder Ausgangs abhängig sein sollte.

Wir können leicht die Anwendung der Regel (K) begründen, indem wir die Summen-
vektoren betrachten, die durch die Vertauschung der einzelnen Vektoren entstehen.
Für beide gilt nämlich

$$([x_1 + y_1]\, C, [x_2 + y_2]\, K, [x_3 + y_3]\, P, [x_4 + y_4]\, S)$$

$$= ([y_1 + x_1]\, C, [y_2 + x_2]\, K, [y_3 + X_3]\, P, [y_4 + x_4]\, S)$$

In den eckigen Klammern stehen jeweils die Summen zweier rationaler Zahlen, für die
das Kommutativgesetz bezüglich der Addition gilt.

Verbindungsregel (A^+) Es ist für den Großhändler auch selbstverständlich, daß er drei
oder mehr Warenvektoren auf einmal addieren kann. So rechnet er z. B. bei der Addition von drei Viertupeln wie folgt:

```
 ( 65,1 C,   39   K,   98,9 P,  22,2 S)
+(114   C,   48,3 K,  120   P,  32,9 S)
+( 81,7 C,   51,9 K,  158,4 P,  44,4 S)
 (260,8 C,  139,2 K,  377,3 P,  99,5 S)
```

A Dabei wird zunächst nicht beachtet, daß die Addition von Viertupeln nur für zwei Vektoren definiert ist. Für drei und mehr Summanden muß zuerst geklärt werden, ob hier eventuell einschränkende Bedingungen gelten. Gilt die Verbindungsregel oder das Assoziativgesetz (A^+), so kann der Händler wie in dem obigen Beispiel verfahren, er braucht keine besonderen Bedingungen zu beachten.

Allgemein kann man die Gültigkeit der Verbindungsregel (A^+) für die Addition von Viertupeln leicht nachweisen. Wir gehen von folgenden drei Warenvektoren aus:

$$x = (x_1\ C,\quad x_2\ K,\quad x_3\ P,\quad x_4\ S)$$
$$y = (y_1\ C,\quad y_2\ K,\quad y_3\ P,\quad y_4\ S)$$
$$z = (z_1\ C,\quad z_2\ K,\quad z_3\ P,\quad z_4\ S)$$

Die Verbindungsregel (A^+) lautet dann

$$(x + y) + z = x + (y + z)$$

Führen wir die Addition der drei Vektoren entsprechend den gesetzten Klammern durch, so erhalten wir

$$(x + y) + z = (([x_1 + y_1] + z_1))\ C, ([x_2 + y_2] + z_2)\ K,$$
$$([x_3 + y_3] + z_3)\ P, ([x_4 + y_4] + z_4)\ S)$$
$$x + (y + z) = ((x_1 + [y_1 + z_1])\ C, (x_2 + [y_2 + z_2])\ K, (x_3 + [y_3 + z_3])\ P,$$
$$(x_4 + [y_4 + z_4])\ S)$$

Die Koeffizienten von C, K, P und S sind jeweils gleich, da für die Addition in der Menge $\mathbb{Q}$ der rationalen Zahlen das Assoziativgesetz gilt.

Als Beispiel greifen wir die Koeffizienten von C heraus:

$$(x_1 + y_1) + z_1 = x_1 + (y_1 + z_1)$$

Neutrales Element (N) Dem Großhändler ist klar, daß eine eventuelle „Blindbuchung", wie sie unten als Beispiel angegeben ist, nicht rückgängig gemacht zu werden braucht, da das Ergebnis durch eine „Blindbuchung" nicht verändert wird.

$$
\begin{array}{r}
(37{,}8\ C,\quad -24{,}1\ K,\quad 101\ P,\quad 61{,}8\ S) \\
+(\ 0\ \ \ C,\quad\quad 0\ K,\quad\quad 0\ P,\quad\quad 0\ \ S) \\
\hline
(37{,}8\ C,\quad -24{,}1\ K,\quad 101\ P,\quad 61{,}8\ S)
\end{array}
$$

Verallgemeinert man dieses Beispiel, so bedeutet dies, daß der Vektor $(0\ C, 0\ K, 0\ P, 0\ S)$ in der Menge V bezüglich der Addition neutrales Element ist.

$$(x_1\ C, x_2\ K, x_3\ P, x_4\ S) + (0\ C, 0\ K, 0\ P, 0\ S)$$
$$= (0\ C, 0\ K, 0\ P, 0\ S) + (x_1\ C, x_2\ K, x_3\ P, x_4\ S)$$
$$= ((x_1 + 0)\ C + (x_2 + 0)\ K + (x_3 + 0)\ P + (x_4 + 0)\ S) = (x_1\ C, x_2\ K, x_3\ P, x_4\ S)$$

Die Gültigkeit der Behauptung ergibt sich daraus, daß die Zahl 0 neutrales Element bezüglich der Addition in $\mathbb{Q}$ ist.

Das neutrale Element von V bezüglich der Addition bezeichnen wir auch als N u l l- **A**
v e k t o r und schreiben kurz:

$$(0\ C, 0\ K, 0\ P, 0\ S) = o$$

Wir können dann auch für jeden Vektor x aus V schreiben:

$$x + o = o + x = x$$

Inverse Elemente (I) Beim Einkauf und Verkauf kommen immer wieder Fälle vor, daß
eine gelieferte Ware nicht den erwarteten Qualitätsanforderungen entspricht oder sogar
unbrauchbar ist bzw. beschädigt wurde. Entweder wird dann die beanstandete Ware
zurückgesandt oder vernichtet. So kann bei unserem Gewürzgroßhändler der Fall eintreten, daß eine auf Bestellung gelieferte Sendung als nicht brauchbar zurückgewiesen
wird. Es muß z. B. eine am 25. 7. 1973 als Wareneingang gebuchte Sendung bei Bean-
standung oder Rücksendung wieder getilgt werden. Das geschieht auf folgende Weise:

Wareneingang 25. 7. 1973	(120 C,	90 K,	150 P,	65 S)
Rücksendung 26. 7. 1973	+(−120 C,	−90 K,	−150 P,	−65 S)
	(0 C,	0 K,	0 P,	0 S)

Es kann andererseits auch der Fall eintreten, daß der Großhändler eine Firma beliefert
hat und aus irgend einem Grund die Sendung zurückgenommen werden muß. In den
Büchern des Großhändlers ist die gelieferte Ware an den Minuszeichen erkenntlich,
weil diese seinen Bestand verringert. Die zurückgenommene Ware erhöht seinen Bestand und erscheint daher mit positiven bzw. keinem Vorzeichen. Als Beispiel wählen
wir folgendes:

Lieferung an Fa. N	(−17,8 C,	−28,3 K,	−75 P,	−48 S)
Rücknahme von Fa. N	+(17,8 C,	28,3 K,	75 P,	48 S)
	(0 C,	0 K,	0 P,	0 S)

Auch hier können wir verallgemeinern und feststellen, daß es in V zu jedem Warenvektor x ein inverses Element oder einen Gegenvektor gibt, so daß ihre Summe gleich
dem Nullvektor ist.

$$(x_1\ C, x_2\ K, x_3\ P, x_4\ S) + (-x_1\ C, -x_2\ K, -x_3\ P, -x_4\ S) = (0\ C, 0\ K, 0\ P, 0\ S)$$

Kürzer schreiben wir $x + (-x) = o$.

Zusammenfassung An einem konkreten Fall, nämlich dem Einkauf und Verkauf von
Gewürzsorten, haben wir die Menge V der Viertupel oder vierdimensionalen Warenvektoren eingeführt und darin die Operation der Addition erklärt. Bezüglich dieser inneren
Verknüpfung konnten wir die Gültigkeit bestimmter Eigenschaften nachweisen. Die Ergebnisse wollen wir nun zusammenfassend in einem Satz wiedergeben.

Satz Die Menge V der Viertupel oder vierdimensionalen Vektoren bildet bezüglich der
Addition ein Verknüpfungsgebilde (V, +).
In (V, +) gelten folgende Eigenschaften in bezug auf die Addition:

A (A$^+$) Assoziativgesetz $(x + y) + z = x + (y + z)$
       (Verbindungsregel)

   (N) Existenz eines neutralen Elements $x + o \quad = o + x = x$

   (I) Existenz eines inversen Elements $x + (-x) = o$
        zu jedem Element aus V

   (K) Kommutativgesetz $x + y \quad = y + x$
        (Vertauschungsregel)

Mit diesen Eigenschaften bildet das Verknüpfungsgebilde (V, +) eine kommutative
oder abelsche Gruppe.

1.1.2.2 Vervielfachung in V Bezüglich der Menge V läßt sich eine weitere Verknüpfung
einführen, die aber im Gegensatz zur Addition keine innere Verknüpfung mehr ist. Am
Beispiel des Gewürzgroßhändlers läßt sich die neue Operation leicht motivieren.

Es kommt immer wieder vor, daß eine bestimmte Bestellung mehrmals wiederholt wird,
weil sich auf diese Weise die Transportkosten durch optimale Beladung von LKWs relativ gering halten lassen. So könnten bei zweimaliger Wiederholung bei dem Wareneingang des Großhändlers z. B. folgende Posten vorkommen:

Bestellung	(200 C,	120 K,	160 P,	80 S)
1. Wiederholung	+(200 C,	120 K,	160 P,	80 S)
2. Wiederholung	+(200 C,	120 K,	160 P,	80 S)
Insgesamt	(600 C,	360 K,	480 P,	240 S)

Das Gesamtergebnis ließe sich kürzer bestimmen, wenn die gelieferte Ware der ursprünglichen Bestellung mit der Zahl 3 vervielfacht würde.

$$3 \cdot (200\,C, 120\,K, 160\,P, 80\,S) = (3 \cdot 200\,C, 3 \cdot 120\,K, 3 \cdot 160\,P, 3 \cdot 80\,S)$$
$$= (600\,C, 360\,K, 480\,P, 240\,S)$$

Es ist hier selbstverständlich, daß die Vervielfachung des ersten Warenvektors mit 3 so
erfolgt, daß das Gewicht jeder einzelnen Gewürzsorte mit der Zahl 3 vervielfacht wird,
also komponentenweise erfolgt.

Wir wollen die Operation der Vervielfachung, die am vorherigen Beispiel einsichtig gemacht wurde, nun allgemein definieren.

Erklärung Gegeben sei ein Viertupel oder ein vierdimensionaler Warenvektor x aus der
Menge V. Das n-fache des Vektors x $(n \in \mathbf{N})$ wird dann wie folgt festgelegt:

$$n \cdot (x_1\,C, x_2\,K, x_3\,P, x_4\,S) = (n \cdot x_1\,C, n \cdot x_2\,K, n \cdot x_3\,P, n \cdot x_4\,S)$$
$$= \underbrace{(x_1\,C, x_2\,K, x_3\,P, x_4\,S) + (x_1\,C, x_2\,K, x_3\,P, x_4\,S) + \cdots + (x_1\,C, x_2\,K, x_3\,P, x_4\,S)}_{\text{n-mal}}$$

Aus der obigen Erklärung wird deutlich, daß es sich bei der Vervielfachung nicht um
eine innere Verknüpfung in V handelt. Es wird nämlich durch die getroffene Festlegung

jedem geordneten Paar (n, x), das aus einer natürlichen Zahl n und einem Warenvektor x aus V besteht, das Element $n \cdot x$ aus V als Bild zugeordnet. Damit handelt es sich bei der Vervielfachung um eine Abbildung von $\mathbf{N} \times V$ in V. **A**

$$(n, x) \mapsto n \cdot x \qquad (n, x) \in \mathbf{N} \times V \qquad n \in \mathbf{N} \qquad n \cdot x \in V$$

$$(\mathbf{N}, V) \to V$$

Auch bezüglich der neuen Operation der Vervielfachung gelten einige Eigenschaften, die wir uns an konkreten Beispielen von Warenvektoren klar machen und dann allgemein nachweisen wollen.

Eigenschaften der Vervielfachung

Verbindungsregel (A') Wir waren vorher von dem Fall ausgegangen, daß eine bestimmte Bestellung, der zugehörige Warenvektor sei x, insgesamt dreimal erfolgt, also auf den Warenvektor $3 \cdot x$ führt. Jetzt soll diese Gesamtbestellung, ihr entspricht der Warenvektor $3 \cdot x$, noch einmal erfolgen. Die entsprechenden Rechnungen lassen sich auf verschiedene Weise durchführen.

$$
\begin{array}{r}
(3 \cdot 200\,C, \quad 3 \cdot 120\,K, \quad 3 \cdot 160\,P, \quad 3 \cdot 80\,S) \\
+(3 \cdot 200\,C, \quad 3 \cdot 120\,K, \quad 3 \cdot 160\,P, \quad 3 \cdot 80\,S) \\
\hline
(6 \cdot 200\,C, \quad 6 \cdot 120\,K, \quad 6 \cdot 160\,P, \quad 6 \cdot 80\,S)
\end{array}
$$

oder
$$
\begin{array}{r}
(\ 600\,C, \quad 360\,K, \quad 480\,P, \quad 240\,S) \\
+(\ 600\,C, \quad 360\,K, \quad 480\,P, \quad 240\,S) \\
\hline
(1200\,C, \quad 720\,K, \quad 960\,P, \quad 480\,S)
\end{array}
$$

Man hätte auch in folgender Weise rechnen können:

$$2 \cdot [3 \cdot (200\,K, 120\,K, 160\,P, 80\,S)] = (2 \cdot 3)(200\,C, 120\,K, 160\,P, 80\,S)$$

$$= (6 \cdot 200\,C, 6 \cdot 120\,K, 6 \cdot 160\,P, 6 \cdot 80\,S)$$

in verkürzter Schreibweise $2 \cdot (3 \cdot x) = (2 \cdot 3) \cdot x = 6 \cdot x$.

Im Anschluß an dieses Beispiel kann man vermuten, daß bezüglich der Vervielfachung eine Art Verbindungsregel gilt. Diese lautet, wenn m und n natürliche Zahlen sind,

$$m \cdot (n \cdot x) = (m \cdot n) \cdot x$$

Die Begründung dieser Art des Assoziativgesetzes kann so erfolgen, daß man mehrfach die Definition der Vervielfachung anwendet:

$$m \cdot (n \cdot (x_1\,C, x_2\,K, x_3\,P, x_4\,S)) = m \cdot (n \cdot x_1\,C, n \cdot x_2\,K, n \cdot x_3\,P, n \cdot x_4\,S)$$

$$= (m \cdot (n \cdot x_1\,C), m \cdot (n \cdot x_2\,K), m \cdot (n \cdot x_3\,P), m \cdot (n \cdot x_4\,S))$$

$$= ((m \cdot n)\,x_1\,C, (m \cdot n)\,x_2\,K, (m \cdot n)\,x_3\,P, (m \cdot n)\,x_4\,S)$$

$$= (m \cdot n) \cdot (x_1\,C, x_2\,K, x_3\,P, x_4\,S)$$

Die Gleichungen $m \cdot (n \cdot x_i) = (m \cdot n) \cdot x_i$, $(i = 1, 2, 3, 4)$, gelten, da es sich jeweils um die Multiplikation von drei rationalen Zahlen handelt, für die das Assoziativgesetz gilt.

A **Verteilungsregel 1 (D_1)** Der folgende Fall führt uns auf die Verteilungsregel 1: Zwei verschiedene Bestellungen mit den Warenvektoren **x** und **y** sollen wiederholt werden. Der sich hieraus ergebende Warenbestand kann auf verschiedene Weise berechnet werden.

1. Möglichkeit

$$
\begin{array}{lllll}
 & (125\,C, & 100\,K, & 150\,P, & 40\,S) & \quad \mathbf{x} \\
+ & (\ 75\,C, & 60\,K, & 100\,P, & 60\,S) & \quad \mathbf{y} \\
\hline
 & (200\,C, & 160\,K, & 250\,P, & 100\,S) & \quad \mathbf{x}+\mathbf{y}
\end{array}
$$

$$2 \cdot (200\,C, 160\,K, 250\,P, 100\,S) = (400\,C, 320\,K, 500\,P, 200\,S) \quad 2 \cdot (\mathbf{x}+\mathbf{y})$$

2. Möglichkeit

$$2 \cdot (125\,C, 100\,K, 150\,P, 40\,S) = (250\,C, 200\,K, 300\,P, 80\,S) \quad 2 \cdot \mathbf{x}$$

$$2 \cdot \ (75\,C, 60\,K, 100\,P, 60\,S) = (150\,C, 120\,K, 200\,P, 120\,S) \quad 2 \cdot \mathbf{y}$$

$$
\begin{array}{lllll}
 & (250\,C, & 200\,K, & 300\,P, & 80\,S) & \quad 2 \cdot \mathbf{x} \\
+ & (150\,C, & 120\,K, & 200\,P, & 120\,S) & \quad 2 \cdot \mathbf{y} \\
\hline
 & (400\,C, & 320\,K, & 500\,P, & 200\,S) & \quad 2\,\mathbf{x}+2\,\mathbf{y}
\end{array}
$$

Beide Möglichkeiten führen zum gleichen Ergebnis des Warenbestandes. Daher können wir abgekürzt schreiben

$$2 \cdot (\mathbf{x}+\mathbf{y}) = 2 \cdot \mathbf{x} + 2 \cdot \mathbf{y}$$

Diese erste Verteilungs- oder Distributivregel gilt allgemein auch für eine beliebige natürliche Zahl m, d. h.

$$m \cdot (\mathbf{x}+\mathbf{y}) = m \cdot \mathbf{x} + m \cdot \mathbf{y}$$

Linke Seite

$$m \cdot [(x_1\,C, x_2\,K, x_3\,P, x_4\,S) + (y_1\,C, y_2\,K, y_3\,P, y_4\,S)]$$
$$= m\,((x_1 + y_1)\,C, (x_2 + y_2)\,K, (x_3 + y_3)\,P, (x_4 + y_4)\,S)$$
$$= (m \cdot (x_1 + y_1)\,S, m \cdot (x_2 + y_2)\,K, m \cdot (x_3 + y_3)\,P, m \cdot (x_4 + y_4)\,S)$$
$$= ((mx_1 + my_1)\,C, (mx_2 + my_2)\,K, (mx_3 + my_3)\,P, (mx_4 + my_4)\,S)$$

Da es sich bei m, x_i, y_i um rationale Zahlen handelt, für die das Distributivgesetz gilt, ist die obige Gleichung richtig. Denn es gilt

$$m\,(x_i + y_i) = mx_i + my_i \qquad (i = 1, 2, 3, 4).$$

Rechte Seite

$$m \cdot (x_1\,C, x_2\,K, x_3\,P, x_4\,S) + m \cdot (y_1\,C, y_2\,K, y_3\,P, y_4\,S)$$
$$= (mx_1\,C, mx_2\,K, mx_3\,P, mx_4\,S) + (my_1\,C, my_2\,K, my_3\,P, my_4\,S)$$
$$= ((mx_1 + my_1)\,C, (mx_2 + my_2)\,K, (mx_3 + my_3)\,P, (mx_4 + my_4)\,S)$$

Aus der Gleichheit der linken und der rechten Seite folgt die Gültigkeit der Gleichung

$$m \cdot (\mathbf{x}+\mathbf{y}) = m \cdot \mathbf{x} + m \cdot \mathbf{y}$$

Verteilungsregel 2 (D_2) Es kann auch vorkommen, daß eine Bestellung, z. B. als ein bestimmtes Warensortiment, mehrfach von verschiedenen Abnehmern bestellt wird. Das ist häufiger der Fall, wenn es sich um Sonderangebote handelt. Wir gehen in unserem Fall davon aus, daß das folgende Warensortiment als Sonderangebot angepriesen wird:

$$(10\,C,\ 5\,K,\ 20\,P,\ 5\,S) = x$$

Eine Firma bestellt das Sonderangebot dreimal, eine andere fünfmal. Der Großhändler liefert diese Bestellungen aus, wodurch sich sein Warenbestand verringert. Er hat zwei Möglichkeiten, die Abbuchungen vorzunehmen.

1. Möglichkeit

$$
\begin{array}{rllll}
3 \cdot (-10\,C, & -5\,K, & -20\,P, & -5\,S) = (-30\,C, & -15\,K, & -60\,P, & -15\,S) \\
+\,5 \cdot (-10\,C, & -5\,K, & -20\,P, & -5\,S) = (-50\,C, & -25\,K, & -100\,P, & -25\,S) \\
\hline
& & & (-80\,C, & -40\,K, & -160\,P, & -40\,S)
\end{array}
$$

2. Möglichkeit

$$3 \cdot (-10\,C, -5\,K, -20\,P, -5\,S) + 5 \cdot (-10\,C, -5\,K, -20\,P, -5\,S)$$
$$= 8 \cdot (-10\,C, -5\,K, -20\,P, -5\,S) = (-80\,C, -40\,K, -160\,P, -40\,S)$$

in Kurzform erhalten wir $3 \cdot x + 5 \cdot x = (3 + 5) \cdot x = 8 \cdot x$.

Sind allgemein die natürlichen Zahlen m und n gegeben, so gilt

$$m \cdot x + n \cdot x = (m + n) \cdot x$$

Die Gültigkeit dieser Gleichung weisen wir nach, indem wir gesondert die linke und die rechte Seite der Gleichung betrachten.

Linke Seite

$$m \cdot (x_1\,C, x_2\,K, x_3\,P, x_4\,S) + n \cdot (x_1\,C, x_2\,K, x_3\,P, x_4\,S)$$
$$= (mx_1\,C, mx_2\,K, mx_3\,P, mx_4\,S) + (nx_1\,C, nx_2\,K, nx_3\,P, nx_4\,S)$$
$$= ((mx_1 + nx_1)\,C, (mx_2 + nx_2)\,K, (mx_3 + nx_3)\,P, (mx_4 + nx_4)\,S)$$

Rechte Seite

$$(m + n) \cdot (x_1\,C, x_2\,K, x_3\,P, x_4\,S) = ((m + n)\,x_1\,C, (m + n)\,x_2\,K,$$
$$(m + n)\,x_3\,P, (m + n)\,x_4\,S)$$
$$= ((mx_1 + nx_1)\,C, (mx_2 + nx_2)\,K, (mx_3 + nx_3)\,P, (mx_4 + nx_4)\,S)$$

Die Gleichungen $(m + n)\,x_i = mx_i + nx_i$, $(i = 1, 2, 3, 4)$, gelten, da m, n, x_i rationale Zahlen sind und in $\mathbf{Q}$ das distributive Gesetz gilt.

Zusammenfassung Wir konnten am Beispiel des Gewürzgroßhandels mit vierdimensionalen Warenvektoren anschaulich die Operation der Vervielfachung einführen und die Gültigkeit einiger Eigenschaften dieser Operation nachprüfen. Durch die Vervielfältigung wer-

A   den eine natürliche Zahl n und ein Vektor x aus V verknüpft. Wir sahen, daß diese Verknüpfung eine Abbildung von $\mathbb{N} \times V$ in V bedeutet. Da es unser Ziel ist, zum Begriff des Vektorraums zu führen, müssen wir jetzt bei der Zusammenfassung an einer Stelle die anschauliche Verankerung der Begriffe im Gewürzhandel durchbrechen und eine Erweiterung vornehmen. Statt mit natürlichen Zahlen zu vervielfachen, wählen wir nun rationale Zahlen aus $\mathbb{Q}$ und sprechen dann von der s k a l a r e n   M u l t i p l i k a t i o n einer   r a t i o n a l e n   Z a h l   r mit einem   V e k t o r   x statt von einer Vervielfachung. Die Eigenschaften $(A^{\cdot})$, (D_1) und (D_2) gelten auch bei dieser Erweiterung, da wir schon immer bei der Begründung dieser Gesetze auf die Eigenschaften der Multiplikation in $\mathbb{Q}$ zurückgegriffen haben.

Satz Bezüglich der skalaren Multiplikation einer rationalen Zahl r und eines Warenvektors $x \in V$, erklärt als

$$r \cdot x = r \cdot (x_1\, C, x_2\, K, x_3\, P, x_4\, S) = (rx_1\, C, rx_2\, K, rx_3\, P, rx_4\, S)$$

$$(r, x) \mapsto r \cdot x$$

$$\mathbb{Q} \times V \to V,$$

gelten folgende Eigenschaften

$(A^{\cdot})$	Assoziativgesetz	$r \cdot (s \cdot x) = (r \cdot s) \cdot x$
(D_1)	Distributivgesetz 1	$r \cdot (x + y) = r \cdot x + r \cdot y$
(D_2)	Distributivgesetz 2	$(r + s) \cdot x = rx + sx$
(N)	Für die Zahl $1 \in \mathbb{Q}$ gilt	$1 \cdot x = x$

(r, s sind beliebige Zahlen aus $\mathbb{Q}$, x und y sind beliebige Vektoren aus V.)

1.1.3 Zum Begriff des Einkaufsvektorraums

Am Beispiel eines Gewürzgroßhandels, der sich auf die Einfuhr und den Verkauf von vier Gewürzen spezialisiert hat, haben wir eine Menge V von vierdimensionalen Warenvektoren oder Viertupeln konstruiert und bezüglich V die Operationen der Addition und der Multiplikation mit einem Skalar erklärt. Wir haben das mit dem Ziel gemacht, auf diese Weise zum Begriff des Vektorraums zu führen, indem wir ein anschauliches Beispiel für einen vierdimensionalen Vektorraum vorstellen, den wir auch als Einkaufsvektorraum bezeichnen. Mit dem neuen Begriff des Vektorraums erhalten wir für unsere bisherigen Ergebnisse folgende

Zusammenfassung Gegeben sei die Menge V der vierdimensionalen Warenvektoren mit der darin erklärten Addition und den Eigenschaften (A^+), (N), (I) und (K). Die kommutative Gruppe $(V, +)$ bildet über dem Körper $\mathbb{Q}$ der rationalen Zahlen einen E i n k a u f s v e k t o r r a u m (vierdimensional), da die skalare Multiplikation $(r, x) \mapsto r \cdot x$ mit $r \in \mathbb{Q}$ und $x \in V$ folgende vier Eigenschaften erfüllt:

$(A^{\cdot})$	Assoziativgesetz	$r \cdot (s \cdot x) = (r \cdot s) \cdot x$
(D_1)	Distributivgesetz 1	$r \cdot (x + y) = rx + ry$

(D_2) Distributivgesetz 2 $(r + s) \cdot x = rx + rx$ **A**
(N) $1 \cdot x \quad = x$

H i n w e i s : Da vorerst keine Verwechslungen zu befürchten sind, sprechen wir
manchmal einfach von dem Einkaufsvektorraum V und meinen gleichzeitig damit die
darin erklärten Operationen der Addition und Multiplikation mit einem Skalar und
deren Eigenschaften.

1.1.4 Unterräume des Einkaufsvektorraums V

Als nächstes wollen wir der Frage nachgehen, ob es in V Teilmengen U gibt, die bezüg-
lich der gleichen Verknüpfungen Addition und Multiplikation mit Skalaren selbst wieder
Vektorräume bilden, die wir als Unterräume von V bezeichnen. Um hier einen Ansatz-
punkt zu finden, greifen wir auf unser konkretes Beispiel des Gewürzgroßhandels zurück.
Wir wollen davon ausgehen, daß in der Großhandelsfirma aus Rationalitätsgründen zwei
Abteilungen U_1 und U_2 geschaffen worden sind, die sich jeweils auf den Einkauf und
Verkauf von zwei Gewürzsorten spezialisiert haben. Die Verteilung könnte etwa so aus-
sehen:

> Abteilung U_1 Curry, Koriander
> Abteilung U_2 Pfeffer, Safran

Jede Abteilung benutzt für ihre Buchführung natürlich die Schreibweise der Warenvektoren. Es wäre jedoch unzweckmäßig, wenn jede Abteilung nur zweidimensionale Vektoren verwenden würde, z. B.

> $(x_1\, C, x_2\, K)$ bei U_1 oder $(y_1\, P, y_2\, S)$ bei U_2,

da selbstverständlich nachher in der Gesamtabrechnung alle bezogenen und verkauften
Warenposten zusammengefaßt werden müssen. Damit diese Möglichkeit der Zusammenfassung gegeben bleibt, haben sich die Abteilungen auf folgende Schreibweise geeinigt.

> Abteilung U_1 $(x_1\, C, x_2\, K, 0\, P, 0\, S)$
> Abteilung U_2 $(0\, C, 0\, K, y_1\, P, y_2\, S)$

Jede Abteilung benutzt also die Schreibweise von vierdimensionalen Warenvektoren,
jedoch mit der Einschränkung, daß entweder die beiden letzten oder die beiden ersten
Posten immer als rationale Zahlen die 0 aufweisen. Durch diese Regelung gibt es auch
keine Kompetenzschwierigkeiten zwischen den Abteilungen, da die Buchungen in einer
Abteilung und das Rechnen mit den zugehörigen Warenvektoren nie Ergebnisse bringen,
die in den Zuständigkeitsbereich der anderen Abteilung gehören. Das wollen wir jetzt
an dem Beispiel der Abteilung U_1 aufzeigen.

Die Bezeichnung U_1 übernehmen wir für die Menge aller Warenvektoren der Form
$(x_1\, C, x_2\, K, 0\, P, 0\, S)$ (z. B. $(7, 3\, C, 13, 1\, K, 0\, P, 0\, S)$)

$$U_1 = \left\{ x \mid x = (x_1\, C, x_2\, K, 0\, P, 0\, S) \text{ mit } x_1, x_2 \in \mathbf{Q} \right\}$$

Über U_1 können wir nun folgende Aussagen machen:

A 1. $(U_1, +)$ ist ein Verknüpfungsgebilde, d. h. die Menge U_1 ist bezüglich der Addition abgeschlossen.

Mit $\quad$ $x, y \in U_1$

gilt $\quad$ $x + y = (x_1\,C, x_2\,K, 0\,P, 0\,S) + (y_1\,C, y_2\,K, 0\,P, 0\,S)$

und $\quad$ $x + y = ((x_1 + y_1)\,C, (x_2 + y_2)\,K, 0\,P, 0\,S)$

$\qquad z \quad = (z_1\,C, z_2\,K, 0\,P, 0\,S)$

Wie man sieht, ist der Warenvektor z wieder ein Element aus U_1, da die Vorzahlen von P und S Null sind.

Bezüglich der Addition gelten die Eigenschaften (K) und (A^+), da sie in der gesamten Menge V gelten.

Der Warenvektor $(0\,C, 0\,K, 0\,P, 0\,S) = o$ ist als Nullvektor auch neutrales Element in $(U_1, +)$ und selbstverständlich Element von U_1. Damit gilt die Eigenschaft (N) und U_1.

Zu jedem Element von U_1 gibt es ein inverses Element, das auch zu U_1 gehört. So ist z. B. zu $(x_1\,C, x_2\,K, 0\,P, 0\,S)$ das Element $(-x_1\,C, -x_2\,K, 0\,P, 0\,S)$ invers. Damit gilt auch die Eigenschaft (I) in U_1.

Zusammenfassend stellen wir fest, daß das Verknüpfungsgebilde $(U_1, +)$ auch Gruppenstruktur besitzt und eine Untergruppe von $(V, +)$ bildet.

2. Die Teilmenge U_1 ist gegenüber der Operation der Multiplikation mit einem Skalar abgeschlossen, d. h. $rx \in U_1$ für $r \in Q$ und $x \in U_1$. Dies ergibt sich leicht aus der Durchführung der Vervielfachung.

$$r \cdot x = r \cdot (x_1\,C, x_2\,K, 0\,P, 0\,S) = (rx_1\,C, rx_2\,K, r \cdot 0\,P, r \cdot 0\,S)$$

$$r \cdot x = (rx_1\,C, rx_2\,P, 0\,P, 0\,S)$$

also $\quad$ $r \cdot x \in U_1$

Die Eigenschaften $(A^\cdot)$, (D_1) und (D_2) gelten in U_1, da sie in der Obermenge V von U_1 schon gelten.

Ergebnis Die Menge U_1 bildet bezüglich der Addition und Multiplikation mit Skalaren einen Einkaufsvektorraum, den wir als einen Unterraum von V bezeichnen.

In analoger Weise lassen sich andere Unterräume von V bilden. Einige Beispiele seien dazu angeführt.

$$U_2 = \left\{ x \mid x = (0\,C, 0\,K, x_3\,P, x_4\,S) \right\}$$

$$U_3 = \left\{ x \mid x = (0\,C, x_2\,K, 0\,P, x_4\,S) \right\}$$

$$U_4 = \left\{ x \mid x = (x_1\,C, x_2\,K, x_3\,P, 0\,S) \right\}$$

$$U_5 = \left\{ x \mid x = (0\,C, x_2\,K, x_3\,P, 0\,S) \right\}$$

Wenn wir noch einmal zu unserer Großhandelsfirma zurückkehren, so sehen wir, daß z. B. keine Aufgliederung der Firma in die Abteilungen U_4 und U_5 in Frage kommt, da sich dann dauernd bei den Gewürzsorten Koriander und Pfeffer Überschneidungen ergeben würden.

1.1.5 Basis des Einkaufsvektorraums

A

Um den Begriff des Basisvektors vorzubereiten, gehen wir von einer konkreten Fragestellung im Einkaufsvektorraum aus. Für die Buchung und zum Zweck maschineller Auswertung werden in der Menge V der Warenvektoren solche gesucht, die die beiden folgenden Bedingungen erfüllen:

1. Jedes Element aus V soll als Kombination dieser ausgesuchten Vektoren geschrieben werden können.

2. Die gesuchten Vektoren sollen eine einfache und leicht zu behaltende Schreibweise besitzen.

Unter den rationalen Zahlen sind 0 und 1 besonders einfach und leicht zu merken. Wenn wir also Warenvektoren finden könnten, die nur als rationale Zahlen 0 und 1 enthalten, so hätten wir unser Ziel erreicht. Den Nullvektor o müssen wir dabei ausscheiden, da er für die Bedingung 1 nicht ausreicht. Die folgenden vier Vektoren erfüllen die beiden geforderten Bedingungen in besonderer Weise

$$e_1 = (1\ C,\ 0\ K,\ 0\ P,\ 0\ S)$$

$$e_2 = (0\ C,\ 1\ K,\ 0\ P,\ 0\ S)$$

$$e_3 = (0\ C,\ 0\ K,\ 1\ P,\ 0\ S)$$

$$e_4 = (0\ C,\ 0\ K,\ 0\ P,\ 1\ S)$$

Man sieht auf den ersten Blick, daß die Vektoren e_1 bis e_4 die zweite Bedingung voll erfüllen, denn in jeden Vektor kommt dreimal die 0 und einmal die 1 vor, dabei rückt in der angegebenen Reihenfolge die 1 immer um eine Stelle nach rechts. So gibt z. B. der Vektor e_1 die Zunahme von 1 kg Curry an.

Es ist jedoch auch bei dieser Auswahl die Bedingung 1 erfüllt. Das zeigen wir an folgendem

B e i s p i e l. Der Warenvektor x = (20 C, −18 K, 38 P, 25 S) soll durch die vier Vektoren e_1 bis e_4 beschrieben werden.

$$(20\ C,\ -18\ K,\ 38\ P,\ 25\ S)$$
$$= 20\,(1\ C,\ 0\ K,\ 0\ P,\ 0\ S) + (-18) \cdot (0\ C,\ 1\ K,\ 0\ P,\ 0\ S) +$$
$$+ 38\,(0\ C,\ 0\ K,\ 1\ P,\ 0\ S) + 25\,(0\ C,\ 0\ K,\ 0\ P,\ 1\ S)$$
$$= (20\ C,\ 0\ K,\ 0\ P,\ 0\ S) + (0\ C,\ -18\ K,\ 0\ P,\ 0\ S) +$$
$$+ (0\ C,\ 0\ K,\ 38\ P,\ 0\ S) + (0\ C,\ 0\ K,\ 0\ P,\ 25\ S)$$

Kürzer können wir schreiben $x = 20\,e_1 + (-18)\,e_2 + 38\,e_3 + 25\,e_4$.

Wie man aus diesem Beispiel ersieht, kann man jeden Vektor $(x_1\ C,\ x_2\ K,\ x_3\ P,\ x_4\ S)$ aus der Menge V durch skalare Multiplikation der Vektoren e_1 bis e_4 mit den rationalen Zahlen x_1, x_2, x_3, x_4 herstellen, d. h.

$$(x_1\ C,\ x_2\ K,\ x_3\ P,\ x_4\ S) = x_1\,e_1 + x_2\,e_2 + x_3\,e_3 + x_4\,e_4$$

B   1.2 Vektorräume und ihre Eigenschaften

1.2.1 Zum Begriff des Vektorraums

In Abschn. 1.1 haben wir ein Beispiel kennengelernt, das so konstruiert ist, daß es die Struktur eines Vektorraums besitzt. Methodisch bestand unser Vorgehen darin, durch Analyse des vorgegebenen Beispiels die Eigenschaften eines Vektorraums hervortreten zu lassen, also etwas freizulegen, was in dem gewählten Modell schon vorhanden war. Auf diese Weise sollte die neue Struktur motiviert und vorbereitet werden. Das Vorgehen in Abschn. 1.2 dagegen ist deduktiv, indem wir von der Definition des Vektorraumbegriffs ausgehend, Folgerungen ziehen und geeignete Beispiele suchen. Durch die Erklärungen in Abschn. 1.1 ist der neue Begriff soweit vorbereitet, daß wir jetzt sofort mit der Definition des Vektorraumbegriffs beginnen können.

Definition 1.1 Ein Verknüpfungsgebilde (V, +), bestehend aus einer nichtleeren Menge V, deren Elemente als V e k t o r e n bezeichnet werden, und einer darin erklärten inneren Operation „+", heißt V e k t o r r a u m über dem Körper K, wenn folgende Bedingungen erfüllt sind.

a) (V, +) bildet eine abelsche Gruppe.

b) Zwischen den Elementen von K, die auch als Skalare bezeichnet werden, und den Elementen von V ist eine äußere Verknüpfung „·" erklärt, durch die jedem geordneten Paar (a, x) mit $a \in K$ und $x \in V$ eindeutig ein Vektor $a \cdot x$ aus V zugeordnet wird. Für diese äußere Verknüpfung, auch als Multiplikation mit Skalaren oder kurz Multiplikation bezeichnet, sollen außerdem folgende vier Regeln gelten:

(D_1)	Distributivgesetz 1	$a \cdot (x + y) = a \cdot x + a \cdot y$
(D_2)	Distributivgesetz 2	$(a + b) \cdot x = a \cdot x + b \cdot x$
$(A^{\cdot})$	Assoziativgesetz	$(ab) \cdot x = a \cdot (b \cdot x)$
(N)		$1 \cdot x = x$

wobei $a, b, 1 \in K; x, y \in V$.

E r l ä u t e r u n g e n zu Definition 1.1: Bei der Schreibweise der Operationen im Vektorraum haben wir einige Vereinfachungen vorgenommen, um die Verwendung des neuen Begriffs durch eine umständliche Schreib- und Sprechweise nicht zu erschweren. Zunächst hätten wir die Addition $\oplus$ von Vektoren in V von der Addition + der Skalaren im Körper K unterscheiden müssen. Weiterhin ist die Multiplikation $\odot$ eines Skalars mit einem Vektor von der Multiplikation · von Skalaren im Körper K zu unterscheiden. Mit dieser Schreibweise lauten z. B. die Regeln (D_2) und $(A^{\cdot})$:

(D_2)	$(a + b) \odot x = a \odot x \oplus b \odot y$
$(A^{\cdot})$	$(a \cdot b) \odot x = a \cdot (b \odot x)$

Da aus dem Zusammenhang meistens hervorgeht, welche Operationen gemeint sind, verzichten wir nur in der Schreibweise darauf, die verschiedenen Additionen voneinander zu unterscheiden. Bei den beiden Multiplikationen lassen wir meistens, wie allgemein üblich, die Verknüpfungszeichen ganz weg.

Durch die Bedingung b) in Definition 1.1 wird die Multiplikation eines Skalars mit einem Vektor in dieser Reihenfolge gefordert, die wir genauer als eine Linksmultiplikation bezeichnen müssen. Daher haben wir oben einen Linksvektorraum definiert. Ein Rechtsvektorraum wird entsprechend festgelegt, in dem man eine Rechtsmultiplikation eines Vektors mit einem Skalar einführt. Wenn keine besonderen Hinweise erfolgen, ist gewöhnlich ein Linksvektorraum gemeint. Bei den meisten Beispielen für Vektorräume, die wir behandeln werden, gilt jedoch $a \cdot x = x \cdot a$, so daß wir keine Unterscheidung zu treffen brauchen und so jeweils einen zweiseitigen Vektorraum vor uns haben. Falls aus dem Zusammenhang klar ersichtlich ist, was gemeint ist und was daraus folgt, werden wir auf die genannten Unterscheidungen nicht mehr eingehen.

Im folgenden werden wir oft der Kürze halber nur von dem Vektorraum V sprechen, wenn feststeht, über welchem Körper K er erklärt ist.

Folgerungen aus Definition 1.1: 1. Da das Verknüpfungsgebilde (V, +) eine abelsche Gruppe bildet, gibt es in V ein Element o, das n e u t r a l e E l e m e n t bezüglich der Addition, so daß für alle Vektoren $x \in V$ gilt:

$$x + o = o + x = x$$

o bezeichnen wir als den N u l l v e k t o r in V.

2. Zu jedem Vektor $x \in V$ existiert ein eindeutig bestimmtes i n v e r s e s E l e m e n t x^{-1}, so daß gilt:

$$x + x^{-1} = x^{-1} + x = o$$

oder $x + (-x) = (-x) + x = o.$

Da es sich bei (V, +) um eine additive Gruppe handelt, verwenden wir statt x^{-1} die naheliegendere Schreibweise $-x$ und nennen $-x$ den Gegenvektor zu x.

3. Jede lineare Gleichung der Form

$$a + x = b$$

ist in V eindeutig lösbar. Die Lösung der Gleichung lautet

$$x = b + (-a) \qquad \text{bzw.} \qquad x = b - a.$$

Die verschiedene Schreibweise für den Lösungsvektor x beruht auf der Möglichkeit, in additiven Gruppen gemäß der Vereinbarung $b + (-a) = b - a$ als neue Operation die Subtraktion in V zu definieren.

4. Für jeden Vektor $a \in V$ gilt $0 \cdot a = o$.

Aus	$0 \cdot a$	$= (0 + 0) \cdot a$	0 ist neutrales Element in K bez. +
und	$(0 + 0) \cdot a$	$= 0 \cdot a + 0 \cdot a$	nach Regel (D_2)
folgt	$0 \cdot a$	$= 0 \cdot a + 0 \cdot a$	Aus $a = a + x$ folgt stets $x = o$. Daher ist $0 \cdot a = o$.

5. Multipliziert man den Nullvektor o mit einem beliebigen Skalar $s \in K$, so erhält man immer den Nullvektor $s \cdot o = o$.

B

Aus	$s \cdot o$	$= s \cdot (o + o)$	o ist neutrales Element in V bez. der Vektor-addition
und	$s \cdot (o + o)$	$= s \cdot o + s \cdot o$	nach Regel (D_1)
folgt	$s \cdot o$	$= s \cdot o + s \cdot o$	Wegen $a = a + x$ ist $x = o$
d. h.	$s \cdot o$	$= o$	

6. Für alle $a \in V$ gilt stets $(-1)\,a = -a$.

Aus	$a + (-1)\,a$	$= 1\,a + (-1)\,a$	1 ist neutrales Element in K bez. $\cdot$
und	$1\,a + (-1)\,a$	$= [1 + (-1)]\,a$	Regel (D_2)
	$[1 + (-1)]\,a$	$= 0\,a$	-1 ist invers zu 1
	$0\,a$	$= o$	Folgerung 4
folgt	$a + (-1)\,a$	$= o$	
Da	$a + (-a)$	$= o$	
folgt	$(-1)\,a$	$= a$	

7. Schließlich können wir noch folgenden Satz herleiten: $(-s)\,a = -(sa) = s\,(-a)$ für beliebige $s \in K$.

Aus	$(-s)\,a$	$= [s\,(-1)]\,a$	
und	$[s\,(-1)]\,a$	$= s\,(-1\,a)$	nach Regel $(A\cdot)$
	$s\,(-1\,a)$	$= s\,(-a)$	nach Folgerung 6
folgt	$(-s)\,a$	$= s\,(-a)$	

Beispiele für Vektorräume Die nachfolgenden Beispiele sollen einen ersten Eindruck vermitteln, wie bedeutsam der Begriff des Vektorraums für die Mathematik ist. Die Auswahl wurde so getroffen, daß keine umfangreichen Erläuterungen notwendig sind. In den späteren Kapiteln folgen weitere wichtige Beispiele, die dann ausführlich behandelt werden.

1.1 a) R^n sei die Menge aller n-Tupel $(a_1, a_2, \ldots, a_n)$ mit Elementen aus dem Körper **R** der reellen Zahlen. In R^n werden die Addition und die Multiplikation mit einem Skalar wie folgt erklärt:

$$(a_1, a_2, \ldots, a_n) + (b_1, b_2, \ldots, b_n) = (a_1 + b_1, a_2 + b_2, \ldots, a_n + b_n)$$

$$r \cdot (a_1, a_2, \ldots, a_n) = (ra_1, ra_2, \ldots, ra_n)$$

Bezüglich dieser beiden Operationen bildet R^n einen Vektorraum, der auch als n-dimensionaler arithmetischer Vektorraum bezeichnet wird.

b) Wählt man den Spezialfall $n = 1$, so ergibt sich, daß der Körper **R** der reellen Zahlen einen Vektorraum über sich selbst bildet. Die normale Addition in **R** wird hier als Vektoraddition und die Multiplikation von reellen Zahlen als Multiplikation mit Skalaren aufgefaßt. Verallgemeinert kann man so jeden Körper K als Vektorraum über sich selbst ansehen.

1.2 Der Warenvektorraum in Abschn. 1.1 ist ein Modell für einen vierdimensionalen arithmetischen Vektorraum Q^4 über dem Körper **Q** der rationalen Zahlen.

1.3 Für n = 2 konstruieren wir einen endlichen arithmetischen Vektorraum. Als Körper **B**
K wählen wir das Verknüpfungsgebilde $(\{0, 1\}, +, \cdot)$.

+	0	1		·	0	1
0	0	1		0	0	0
1	1	0		1	0	1

Der arithmetische Vektorraum K^2 für n = 2 besteht aus folgenden Paaren:

$$\{ (0, 0), (0, 1), (1, 0), (1, 1) \}$$

Die Ergebnisse der Vektoraddition und der skalaren Multiplikation in K_2 stellen wir
übersichtlich in Verknüpfungstafeln zusammen.

+	(0, 0)	(0, 1)	(1, 0)	(1, 1)		·	(0, 0)	(0, 1)	(1, 0)	(1, 1)
(0, 0)	(0, 0)	(0, 1)	(1, 0)	(1, 1)		0	(0, 0)	(0, 0)	(0, 0)	(0, 0)
(0, 1)	(0, 1)	(0, 0)	(1, 1)	(1, 0)		1	(0, 0)	(0, 1)	(1, 0)	(1, 1)
(1, 0)	(1, 0)	(1, 1)	(0, 0)	(0, 1)						
(1, 1)	(1, 1)	(1, 0)	(0, 1)	(0, 0)						

1.4 Die Menge V_3 der Vektoren des dreidimensionalen Anschauungsraumes bildet bezüglich der Vektoraddition und der Multiplikation mit einem Skalar einen Vektorraum,
und zwar über dem Körper **R** der reellen Zahlen. Eine ausführliche Behandlung dieses
für die Schule wichtigen Vektorraums erfolgt im nachfolgenden Abschn. 1.3.

1.5 P_1 sei die Menge aller Polynome höchstens ersten Grades mit Koeffizienten aus **R**.

$$p: \mathbf{R} \to \mathbf{R} \qquad p(x) = a_0 + a_1 x$$

Da die Koeffizienten a_0, a_1 aus **R** stammen, sind als Polynome auch diejenigen mit
$a_1 = 0$ zugelassen, also alle konstanten Funktionen $p(x) = a_0$.
Für die Polynome aus P_1, aufgefaßt als Vektoren, definieren wir die Vektoraddition
und die skalare Multiplikation wie folgt:

$$p(x) + q(x) = (a_0 + a_1 x) + (b_0 + b_1 x) = (a_0 + b_0) + (a_1 + b_1) x$$

$$r \cdot p(x) = r \cdot (a_0 + a_1 x) = r a_0 + r a_1 x.$$

Zwei Polynome $p(x)$ und $q(x)$ heißen gleich, wenn paarweise die entsprechenden Koeffizienten gleich sind.

Wie man leicht sieht, ergibt sich als Verknüpfungsergebnis beider Operationen jeweils
wieder ein Polynom ersten Grades. Für $a_0 = a_1 = 0$ erhalten wir das identisch verschwindende Polynom $p_0(x) = 0$, den Nullvektor in P_1.

Man kann nun zeigen, daß $(P_1, +)$ eine abelsche Gruppe bildet und bezüglich der Multiplikation die Bedingungen (D_1), (D_2), (A') und (E) von Definition 1.1 erfüllt werden,
also P_1 einen Vektorraum bildet. Stellt man die Polynome aus P_1 in einem kartesischen
Koordinatensystem dar, so erhalten wir Geraden als Bilder. An diesen lassen sich an-

B schaulich die beiden Operationen der Addition und Multiplikation deuten, Summe und Produkt führen also wieder auf Geraden.

1.6 Wir gehen aus von der Menge F aller reellen Funktionen, die auf dem reellen Intervall [a, b] definiert sind. Als Operationen legen wir fest:

Vektoraddition $\qquad (f + g)(x) = f(x) + g(x) \qquad x \in [a, b]$

skalare Multiplikation $\quad (r \cdot f)(x) \ = r \cdot f(x)$

Durch beide Verknüpfungen wird jeweils wieder eine reelle Funktion auf dem Intervall [a, b] festgelegt. Die Operationen lassen sich leicht als Addition der Ordinaten bzw. Multiplikation einer Ordinate mit einer reellen Zahl r für jedes $x \in [a, b]$ deuten. Die identisch verschwindende Funktion $f_0(x) = 0$ für alle $x \in [a, b]$ bildet den Nullvektor. Man kann nun nachweisen, daß die Menge F bezüglich der definierten Operationen einen Vektorraum bildet.

1.7 Im letzten Beispiel betrachten wir die Menge aller konvergenten Folgen (a_n) reeller Zahlen. Für die Folgen reeller Zahlen definieren wir folgende Verknüpfungen:

$$(a_n) + (b_n) = (a_n + b_n) \qquad r \in \mathbf{R}.$$
$$r \cdot (a_n) \qquad = (r \cdot a_n)$$

Da man zeigen kann, daß die Summe zweier konvergenter Folgen bzw. die Multiplikation einer konvergenten Folge mit einer reellen Zahl jeweils wieder eine konvergente Folge ergibt, sind die festgelegten Verknüpfungen Vektoroperationen im Sinne von Definition 1.1.

Die Folge, die aus lauter Nullen besteht, bildet den Nullvektor. Da sich alle in Definition 1.1 geforderten Eigenschaften nachweisen lassen, bilden alle konvergenten Folgen reeller Zahlen bezüglich der obigen Verknüpfungen einen Vektorraum.

1.2.2 Untervektorräume, lineare Hülle

Betrachten wir eine Teilmenge M eines Vektorraums V, so wird nur in bestimmten Fällen M selbst wieder ein Vektorraum sein, da im allgemeinen die beiden Operationen in M nicht abgeschlossen sein werden. Wir wollen nun analog wie bei den Gruppen fragen, unter welchen Bedingungen eine solche Teilmenge selbst ein Vektorraum ist. Zuerst folgt jedoch die Definition des Untervektorraums von V.

Definition 1.2 Eine Teilmenge U eines Vektorraums V über dem Körper K heißt U n t e r v e k t o r r a u m (kürzer Unterraum) von V, wenn U bezüglich der in V definierten Verknüpfungen „+" und „·" selbst einen Vektorraum bildet.

Beim Nachweis, daß eine Teilmenge U einen Untervektorraum von V bildet, brauchen wir nicht alle Bedingungen von Definition 1.1 nachzuprüfen. Ähnlich wie beim Untergruppenkriterium benötigen wir nur die Überprüfung von einigen Eigenschaften, die im folgenden Satz formuliert werden.

Satz 1.1 Eine nichtleere Teilmenge U eines Vektorraums V über dem Körper K bildet   B
genau dann einen Untervektorraum von V, wenn die folgenden beiden Bedingungen
erfüllt sind.

a) Sind **a**, **b** beliebige Elemente aus U, so liegt auch **a** + **b** in U, kurz

$$\mathbf{a}, \mathbf{b} \in U \Rightarrow \mathbf{a} + \mathbf{b} \in U$$

b) Mit **a** $\in$ U ist auch das Produkt **ra** in U enthalten für beliebige $r \in K$, kurz

$$\mathbf{a} \in U, r \in K \Rightarrow r\mathbf{a} \in U$$

B e w e i s. I. U sei ein Untervektorraum von V. Da U selbst ein Vektorraum ist, sind
alle Bedingungen von Definition 1.1 erfüllt, also U gegenüber der Addition und Multiplikation abgeschlossen.

II. Für die nichtleere Teilmenge U von V gelten die Forderungen a) und b).

Bezüglich der Multiplikation mit einem Skalar gelten in U die Regeln (D_1), (D_2), (A')
und (E), da diese für die Obermenge V von U gelten.

Jetzt ist noch zu zeigen, daß (U, +) eine abelsche Gruppe bildet. In U gelten Assoziativ-
und Kommutativgesetz bezüglich der Addition erst recht, da diese schon in V gelten.
Es bleibt noch der Nachweis der Existenz des neutralen Vektors und des inversen zu
jedem Vektor.

Der Nullvektor **o** $\in$ V ist Element von U.

Die Teilmenge U ist nichtleer und enthält daher mindestens einen Vektor **a** $\in$ U.

Gemäß der Voraussetzung b) gilt dann, daß auch **ra** $\in$ U für $r \in K$. Wählen wir speziell
$r = 0$, so folgt $0\,\mathbf{a} \in U$. Nach Folgerung 6 in Abschn. 1.2.1 ergibt sich damit $0\,\mathbf{a} = \mathbf{o} \in U$.

$$\mathbf{a} \in U \Rightarrow -\mathbf{a} \in U.$$

Für $r = -1$ ergibt sich nach Voraussetzung b), daß $(-1)\,\mathbf{a} \in U$, falls $\mathbf{a} \in U$. Nach Folgerung 4 in Abschn. 1.2.1 gilt dann $(-1)\,\mathbf{a} = -\mathbf{a} \in U$.   ∎

Damit gehört mit jedem Vektor **a** $\in$ U auch der inverse Vektor $-\mathbf{a}$ zu U.

Beispiele für Untervektorräume. 1.8 Im arithmetischen Vektorraum $\mathbf{R}^4$ bildet die
Menge aller Viertupel der Form $(a_1, a_2, 0, 0)$ mit $a_1, a_2 \in \mathbf{R}$ einen Unterraum.

Auch die Menge der Viertupel bestehend aus den Elementen $(a_1, a_2, a_3, 0)$ bilden
einen Unterraum von $\mathbf{R}^4$.

Von diesen Möglichkeiten haben wir schon beim Warenvektorraum in Abschn. 1.1
Gebrauch gemacht, allerdings über dem Körper **Q** der rationalen Zahlen.

1.9 In Beispiel 1.3 des endlichen Vektorraums mit vier Elementen bildet die Menge
$\{(0, 0), (0, 1)\}$ einen Unterraum. Dies läßt sich leicht aus den zugehörigen Verknüpfungstafeln erkennen.

1.10 In der Menge P_2 aller Polynome vom höchstens 2. Grad

$$p: \mathbf{R} \to \mathbf{R} \qquad p(x) = a_0 + a_1 x + a_2 x^2$$

B bildet die Menge P_1 der Polynome vom höchstens 1. Grad, d. h. alle Polynome der Form $p(x) = a_0 + a_1 x$, einen Untervektorraum.

1.11 Die Menge F aller Funktionen auf dem Intervall [a, b] enthält als Unterraum die Menge aller differenzierbaren Funktionen auf [a, b]. Ähnliches gilt für die Menge aller integrierbaren Funktionen auf [a, b].

1.12 Im Vektorraum P_1 aller Polynome vom höchsten 1. Grad greifen wir einen beliebigen Vektor $p(x)$ heraus, z. B. $p(x) = -3 + \sqrt{2}\, x$.

Dann bildet die Menge $r \cdot p(x)$, $r \in \mathbf{R}$, einen Unterraum von P_1. Man sieht leicht, daß die beiden Bedingungen des Unterraumkriteriums erfüllt sind:

a) $r \cdot p(x) + s \cdot p(x) = (r + s) \cdot p(x) = t \cdot p(x), \qquad r + s = t \in \mathbf{R}$

B e i s p i e l

$$3{,}6\, p(x) + 8\, p(x) = (3{,}6 + 8) \cdot p(x) = 11{,}6\, p(x) = -11{,}6 \cdot 3 + 11{,}6 \cdot \sqrt{2}\, x$$
$$= -34{,}8 + 11{,}6 \cdot \sqrt{2}\, x$$

b) Wählen wir einen Vektor $r \cdot p(x)$ aus, so ist jedes Vielfache $m \cdot (r \cdot p(x))$ wieder ein Vielfaches von $p(x)$.

$$m \cdot (r \cdot p(x)) = (m \cdot r) \cdot p(x) = u \cdot p(x), \qquad m \cdot r = u \in \mathbf{R}.$$

$0 \cdot p(x)$ ist als identisch verschwindendes Polynom gleich dem Nullvektor **o**.

1.13 In jedem Vektorraum V gibt es zwei triviale Unterräume.
a) V ist uneigentlicher Unterraum von sich selbst.
b) Die Einermenge $\{\mathbf{o}\}$, die aus dem Nullvektor besteht, ist ein Unterraum.

Aus gegebenen Unterräumen eines Vektorraums V lassen sich durch bestimmte Operationen neue Vektorräume bilden. Zu diesen Operationen gehört z. B. die Durchschnittsbildung, dagegen nicht die Mengenvereinigung von Unterräumen. Das letztere werden wir später durch ein Gegenbeispiel belegen (Aufgabe 1.6).

Satz 1.2 Der Durchschnitt D von Unterräumen U_i eines Vektorraums V ist wieder ein Untervektorraum von V.

B e w e i s. In allen Unterräumen von V, die man zum Schnitt bringt, ist der Nullvektor **o** enthalten. Daher enthält der Durchschnitt D auf jeden Fall den Nullvektor, ist also nichtleer.
1. Mit $\mathbf{a}, \mathbf{b} \in D$ gilt auch $\mathbf{a} + \mathbf{b} \in D$.
Wenn die Vektoren **a** und **b** zum Durchschnitt D gehören, so sind sie auch Elemente eines jeden zu D gehörigen Unterraums U_i. Nach Bedingung 1 des Unterraumkriteriums ist damit $\mathbf{a} + \mathbf{b} \in U_i$, also auch Element von D.
2. Gilt $\mathbf{a} \in D$, so ist $r \cdot \mathbf{a} \in D$, $r \in K$.
a ist als Element des Durchschnitts in jedem U_i, die zum Schnitt gebracht werden.
Wegen Bedingung 2 des Unterraumkriteriums ist $r \cdot \mathbf{a} \in U_i$ und damit $r \cdot \mathbf{a} \in D$.   ∎
Die Schnittmengenbildung von Unterräumen eines Vektorraumes V steht im Zusammenhang mit der Erzeugung von Vektorräumen aus Teilmengen T von V.

Diesen Zusammenhängen wollen wir jetzt nachgehen.

Gegeben sei eine Teilmenge $T \subset V$ eines Vektorraums V. Dazu bilden wir die Menge aller Unterräume U_i von V, die T enthalten: $T \subset U_i$. Der Durchschnitt aller dieser Unterräume enthält die Teilmenge T und ist nach dem vorigen Satz selbst ein Untervektorraum von V und offenbar der kleinste Unterraum, der die Teilmenge T enthält. Diesen speziellen auf T bezogenen Unterraum bezeichnet man kurz mit [T].

Definition 1.3 Ist T eine beliebige Teilmenge eines Vektorraums V, dann bezeichnet man mit [T] den Durchschnitt aller die Menge T enthaltenden Unterräume von V und nennt [T] den von T aufgespannten oder erzeugten Untervektorraum.

Als Beispiel für eine zeichnerische Darstellung wählen wir den Fall $T \subset U_1$, $T \subset U_2$. Dann gilt $[T] = U_1 \cap U_2$ (s. Fig. 1.1).

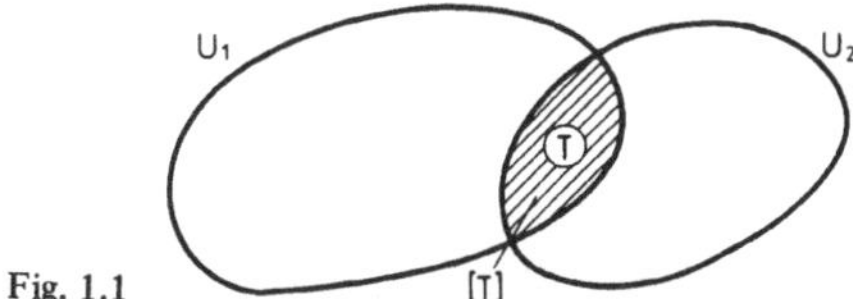

Fig. 1.1

Von besonderem Interesse sind nun solche Teilmengen T eines Vektorraums V, die aus endlich vielen Elementen (Vektoren) bestehen. Dabei taucht die Frage auf, wie der Unterraum [T] aus den vorgegebenen Vektoren erzeugt wird. Dafür brauchen wir den Begriff der Linearkombination, den wir zunächst definieren wollen.

Definition 1.4 Gegeben sei eine Teilmenge $T = \{a_1, a_2, \ldots, a_n\}$ von endlich vielen Vektoren eines Vektorraums V über dem Körper K. Dann heißt jeder Vektor der Form

$$x = r_1 a_1 + r_2 a_2 + \ldots + r_n a_n$$

eine L i n e a r k o m b i n a t i o n der Vektoren $a_1, a_2, \ldots, a_n$ mit den Skalaren $r_1, r_2, \ldots, r_n \in K$ als Koeffizienten.

In Beispiel 1.12 ist uns schon ein Sonderfall einer endlichen Teilmenge eines Vektorraums begegnet, nämlich eine Teilmenge mit dem einen Element p (x). Die zugehörigen Linearkombinationen bestehen aus allen Ausdrücken der Form $r \cdot p(x)$, $r \in K$. In Aufgabe 1.5 haben wir es mit der Zweiermenge $\{p(x), q(x)\}$ aus dem Vektorraum P_1 zu tun. Die Linearkombinationen bestehen aus den Termen $r \cdot p(x) + s \cdot q(x)$, $r, s \in K$.

In beiden Fällen ergeben die Linearkombinationen jeweils auch einen Untervektorraum von P_1. Diese Ergebnisse lassen sich für einen beliebigen Vektorraum verallgemeinern und sogar noch verschärfen.

Satz 1.3 $T = \{a_1, a_2, \ldots, a_n\}$ sei eine Teilmenge von endlich vielen Vektoren aus V. Der von T erzeugte Unterraum $[T] = [a_1, a_2, \ldots, a_n]$ von V besteht genau aus allen Linearkombinationen von T.

B e w e i s. a) Wir zeigen zunächst, daß alle Linearkombinationen von T einen Unterraum U bilden.

B 1. U ist nichtleer, da der Nullvektor o zu U gehört. Seine zugehörige Linearkombination lautet:

$$0\,a_1 + 0\,a_2 + \ldots + 0\,a_n = o$$

2. $x, y \in U \Rightarrow x + y \in U$

Da x und y aus U sind, können sie als Linearkombinationen von $a_1, a_2, \ldots, a_n$ dargestellt werden. Für ihre Summe gilt dann

$$x + y = (r_1\,a_1 + r_2\,a_2 + \ldots + r_n\,a_n) + (s_1\,a_1 + s_2\,a_2 + \ldots + s_n\,a_n)$$
$$= (r_1 + s_1)\,a_1 + (r_2 + s_2)\,a_2 + \ldots + (r_n + s_n)\,a_n$$
$$= t_1\,a_1 + t_2\,a_2 + \ldots + t_n\,a_n$$

Der Summenvektor $x + y$ läßt sich also ebenfalls als Linearkombination darstellen.
3. Jedes Vielfache eines Vektors $x \in U$ ist auch eine Linearkombination.

$$nx = n\,(r_1\,a_1 + r_2\,a_2 + \ldots + r_n\,a_n) = (nr_1)\,a_1 + (nr_2)\,a_2 + \ldots + (nr_n)\,a_1$$

$$nx \in U.$$

U ist damit ein Unterraum von V, der die Teilmenge $T = \{a_1, a_2, \ldots, a_n\}$ enthält.
Beispiel für $a_1 \in U$: $1 \cdot a_1 + 0 \cdot a_2 + \ldots + 0\,a_n = a_1$.
Da nach Definition 1.3 [T] der Durchschnitt aller T enthaltenden Unterräume ist, gilt $[T] \subset U$.

b) [T] ist ein Untervektorraum von V, der die Teilmenge T enthält. Wegen der Abgeschlossenheit bezüglich beider Operationen muß der Unterraum [T] jede Linearkombination von Vektoren aus T enthalten. Daraus folgt: $U \subset [T]$. Aus den beiden Beziehungen $[T] \subset U$ und $U \subset [T]$ folgt schließlich die Behauptung $[T] = U$.   ∎

Der Unterraum $[a_1, a_2, \ldots, a_n]$ wird auch als l i n e a r e H ü l l e der Vektoren a_1, $a_2, \ldots, a_n$ und die Menge $\{a_1, a_2, \ldots, a_n\}$ als E r z e u g e n d e n s y s t e m dieser linearen Hülle bezeichnet.

Beispiele für lineare Hüllen. 1.14 a) Im Vektorraum P_1 aller Polynome von höchstens 1. Grad bildet $[p(x) = -3 + \sqrt{2}\,x]$ eine lineare Hülle mit der Einermenge $\{p(x)\}$ als Erzeugendensystem.
b) In P_1 ist $[p(x), q(x)]$ mit $p(x) = 0{,}4 - 1{,}2\,x$ und $q(x) = -2{,}5 + 0{,}8\,x$ ebenfalls eine lineare Hülle mit der Zweiermenge $\{p(x), q(x)\}$ als Erzeugendensystem.

1.15 Im Vektorraum P_2 aller Polynome vom höchstens 2. Grad ist P_2 gleich der linearen Hülle $[x^0, x^1, x^2]$. P_2 wird aus den erzeugenden Elementen $p(x) = x^0$, $q(x) = x^1$, $r(x) = x^2$ aufgespannt, da man jeden Vektor aus P_2, also jedes Polynom $f(x) = a_0 + a_1 x + a_2 x^2$, als Linearkombination der Polynome $p(x)$, $q(x)$ und $r(x)$ schreiben kann.

1.16 Im Vektorraum $\mathbf{R}^4$ spannen die erzeugenden Elemente $(1, 0, 0, 0)$ und $(0, 1, 0, 0)$ die lineare Hülle $[(1, 0, 0, 0), (0, 1, 0, 0)]$ auf.

1.2.3 Lineare Abhängigkeit   B

Die wichtigen Begriffe der linearen Abhängigkeit und Unabhängigkeit von Vektoren eines Vektorraums V wollen wir durch die folgenden zwei Beispiele vorbereiten.

Beispiel 1.17 Aus den arithmetischen Vektorräumen K^2 über dem Körper $K = \{0, 1\}$ greifen wir die Vektoren (0, 1) und (1, 1) heraus und bilden daraus die lineare Hülle [(0, 1), (1, 1)]. Zu diesem Unterraum gehört der Nullvektor o = (0, 0), der sich als Linearkombination aus den Vektoren (0, 1) und (1, 1) erzeugen läßt. Der Nullvektor läßt sich auf die folgende Art immer darstellen

$$0 \cdot (0, 1) + 0 \cdot (1, 1) = (0, 0)$$

Diese Möglichkeit bezeichnet man auch als die triviale Darstellung des Nullvektors.

Wir fragen nun, ob es auch eine nicht-triviale Darstellung gibt, bei der mindestens einer der Koeffizienten r, s von Null verschieden ist, d. h.

$$r \cdot (0, 1) + s\,(1, 1) = (0, 0)$$

Durch Multiplikation mit den Skalaren und nachfolgende Addition erhalten wir

$$(0, r) + (s, s) = (0, 0)$$
$$(0 + s, r + s) = (0, 0)$$

Da n-Tupel nur dann gleich sind, wenn sie komponentenweise übereinstimmen, ergeben sich hier die zwei Gleichungen

$$0 + s = 0$$
$$r + s = 0$$

mit den Lösungen s = 0, r = 0.

Damit kann der Nullvektor nur auf triviale Weise dargestellt werden. In diesem Fall bezeichnen wir die Vektoren (0, 1) und (1, 1) als linear unabhängig.

Beispiel 1.18 Aus dem Vektorraum P_2 der Polynome vom höchstens 2. Grad seien die Vektoren

$$p(x) = 0{,}8 - 3\,x + \sqrt{3}\,x^2$$
$$q(x) = -2{,}4 + 9\,x + \sqrt{27}\,x^2$$

gegeben.

Der Nullvektor ist das identisch verschwindende Polynom

$$p_0(x) = 0 + 0\,x + 0\,x^2.$$

Wir suchen für den Nullvektor eine nicht-triviale Darstellung.

$$r \cdot p(x) + s \cdot q(x) = p_0(x)$$
$$r \cdot (0{,}8 - 3\,x + \sqrt{3}\,x^2) + s \cdot (-2{,}4 + 9\,x - \sqrt{27}\,x^2) = 0 + 0\,x + 0\,x^2$$

B Wie man leicht sieht, ergibt sich der Nullvektor nicht-trivial durch $r = 3$, $s = 1$

$$3 \cdot (0{,}8 - 3\,x + \sqrt{3}\,x^2) + 1 \cdot (-2{,}4 + 9\,x - \sqrt{27}\,x^2) = 0 + 0\,x + 0\,x^2$$
$$(2{,}4 - 9\,x + 3\sqrt{3}\,x^2) + (-2{,}4 + 9\,x - \sqrt{27}\,x^2) = 0 + 0\,x + 0\,x^2$$

Die beiden Vektoren $p(x)$ und $q(x)$ bezeichnet man daher als linear abhängig.

Nach der Vorbereitung durch die beiden Beispiele wollen wir die beiden Begriffe allgemein definieren.

Definition 1.5 Die endlich vielen Vektoren $a_1, a_2, \ldots, a_n$ eines Vektorraums V über dem Körper K heißen l i n e a r   u n a b h ä n g i g, wenn der Nullvektor o nur auf triviale Weise aus diesen Vektoren als Linearkombination dargestellt werden kann

$$r_1 a_1 + r_2 a_2 + \ldots + r_n a_n = o \Rightarrow r_1 = r_2 = \ldots = r_n = 0.$$

Die Vektoren $a_1, a_2, \ldots, a_n$ heißen l i n e a r   a b h ä n g i g, wenn sie nicht linear unabhängig sind.

Aus Definition 1.5 folgt: 1. Die lineare Abhängigkeit der Vektoren $a_1, a_2, \ldots, a_n$ bedeutet, daß sich der Nullvektor auf nicht-triviale Weise als Linearkombination dieser Vektoren darstellen läßt, d. h. ein r_i ($i = 1, 2, \ldots, n$) ist mindestens von Null verschieden.
2. Der Nullvektor ist linear abhängig. So ist z. B. $1 \cdot o = o$ eine nicht-triviale Darstellung des Nullvektors.
3. Ein einzelner Vektor $a \neq o$ ist immer linear unabhängig, da nur für $r = 0$ folgt $r \cdot a = o$ (s. Definition 1.1, Folgerung 4).
4. Ist unter den Vektoren $a_1, a_2, \ldots, a_n$ einer gleich dem Nullvektor, so sind die Vektoren stets linear abhängig. Ist z. B. $a_n = o$, so gibt es für den Nullvektor eine nicht-triviale Darstellung, etwa

$$0\,a_1 + 0\,a_2 + \ldots + 1\,a_n = o.$$

Beispiel 1.19 Sind in dem arithmetischen Vektorraum $\mathbf{R}^3$ über dem Körper der reellen Zahlen $\mathbf{R}$ die drei Vektoren $(-2, 0, 0)$, $(3, 4, 6)$, $(5, 0, -9)$ linear abhängig oder unabhängig?

Die Linearkombination für den Nullvektor $o = (0, 0, 0)$ lautet

$$r_1 (-2, 0, 0) + r_2 (3, 4, 6) + r_3 (5, 0, -9) = (0, 0, 0)$$
$$(-2\,r_1, 0, 0) + (3\,r_2, 4\,r_2, 6\,r_2) + (5\,r_3, 0, -9\,r_3) = (0, 0, 0)$$
$$(-2\,r_1 + 3\,r_2 + 5\,r_3,\; 0 + 4\,r_2 + 0,\; 0 + 6\,r_2 - 9\,r_3) = (0, 0, 0)$$

Wegen der komponentenweisen Gleichheit der Tripel erhalten wir folgende drei Gleichungen:

$$\begin{array}{ll}
-2\,r_1 + 3\,r_2 + 5\,r_3 = 0 \qquad \text{oder} \qquad & -2\,r_1 + 3\,r_2 + 5\,r_3 = 0 \\[4pt]
0 + 4\,r_2 + \quad 0 = 0 & 4\,r_2 \qquad\quad = 0 \\[4pt]
0 + 6\,r_2 - 9\,r_3 = 0 & 6\,r_2 - 9\,r_3 = 0
\end{array}$$

Daraus folgt: $r_2 = 0$ (zweite Gleichung) $-9\,r_3 = 0$, $r_3 = 0$ (dritte Gleichung) und $-2\,r_1 = 0$, $r_1 = 0$ (erste Gleichung). Damit sind die Vektoren $(-2, 0, 0)$, $(3, 4, 6)$, $(5, 0, -9)$ in $\mathbf{R}^3$ linear unabhängig.

In den nächsten Sätzen wollen wir nun untersuchen, welche Folgen es für die lineare Abhängigkeit bzw. Unabhängigkeit von endlichen vielen Vektoren hat, wenn wir zu einer Teilmenge oder einer Obermenge dieser Vektoren übergehen. Von besonderem Interesse ist der Fall, ob wir in manchen Fällen eine lineare Hülle $[a_1, a_2, \ldots, a_n]$ nicht mit einer Teilmenge der Vektoren $a_1, a_2, \ldots, a_n$ erzeugen können. So sind z. B. die Vektoren $(-6, -18, 36)$ und $(4, 12, -24)$ Vielfache des Vektors $(1, 3, -6)$, denn

$$(-6, -18, 36) = (-6) \cdot (1, 3, -6) \quad \text{und} \quad (4, 12, -24) = 4 \cdot (1, 3, -6)$$

daher

$$[(-6, -18, 36), (4, 12, -24), (1, 3, -6)] = [(1, 3, -6)]$$

Offenbar sind also die drei genannten Vektoren schon deshalb linear abhängig, weil sich zwei Vektoren als Vielfache des dritten darstellen lassen. In dem folgenden wichtigen Satz wird dieser Zusammenhang präzisiert und verallgemeinert.

Satz 1.4 Die n Vektoren $a_1, a_2, \ldots, a_n$ ($n \geqslant 2$) sind genau dann linear abhängig, wenn es einen Vektor a_i unter ihnen gibt, der sich als Linearkombination der anderen darstellen läßt.

B e w e i s. a) Wir setzen zuerst voraus, daß sich a_i linear aus den anderen Vektoren darstellen läßt und beweisen daraus, daß $a_1, a_2, \ldots, a_n$ linear abhängig sind.

$$a_i = r_1 a_1 + r_2 a_2 + \ldots + r_{i-1} a_{i-1} + r_{i+1} a_{i+1} + \ldots + r_n a_n$$

Durch Addition des Vektors $(-1)\,a_i$ auf beiden Seiten erhalten wir:

$$o = r_1 a_1 + r_2 a_2 + \ldots + r_{i-1} a_{i-1} + (-1)\,a_i + r_{i+1} a_{i+1} + \ldots + r_n a_n.$$

Damit haben wir eine nicht-triviale Darstellung des Nullvektors, d. h., die Vektoren $a_1, a_2, \ldots, a_n$ sind linear abhängig.

b) Jetzt gehen wir davon aus, daß $a_1, a_2, \ldots, a_n$ linear abhängig sind. Dann gibt es eine nicht-triviale Darstellung des Nullvektors, etwa

$$r_1 a_1 + r_2 a_2 + \ldots + r_n a_n = o.$$

Mindestens einer der Koeffizienten r_i ist von Null verschieden, z. B. $r_1 \neq 0$. Durch Multiplikation der Gleichung mit $-1/r_1$ und anschließender Addition von a_1 erhalten wir

$$-a_1 - \frac{r_2}{r_1} a_2 - \ldots - \frac{r_n}{r_1} a_n = o$$

$$-\frac{r_2}{r_1} a_2 - \frac{r_3}{r_1} a_3 - \ldots - \frac{r_n}{r_1} a_n = a_1.$$

B Damit ist also a_1 als Linearkombination der übrigen Vektoren darstellbar.   ∎

Satz 1.5 a) Eine Obermenge von linear abhängigen Vektoren $a_1, a_2, \ldots, a_n$ ist stets linear abhängig.
b) Eine nichtleere Teilmenge von linear unabhängigen Vektoren $a_1, a_2, \ldots, a_n$ ist stets linear unabhängig.

B e w e i s. a) Wegen der linearen Abhängigkeit läßt sich der Nullvektor auf nicht-triviale Weise darstellen

$$r_1 a_1 + r_2 a_2 + \ldots + r_n a_n = o, \qquad r_i \neq 0$$

für mindestens ein i aus $1, 2, \ldots, n$.

Für die p Vektoren, $p > n$, ist die folgende Darstellung ebenfalls nicht-trivial:

$$r_1 a_1 + r_2 a_2 + \ldots + r_n a_n + 0\, a_{n+1} + \ldots + 0\, a_p = o.$$

Damit sind die Vektoren $a_1, a_2, \ldots, a_p$ linear abhängig.

b) Die zweite Behauptung des Satzes läßt sich auf den Teil a) zurückführen. Wären nämlich die Vektoren $a_1, a_2, \ldots, a_k$, $0 < k < n$, linear abhängig, so müßten gemäß der Behauptung von Teil a) die Vektoren $a_1, a_2, \ldots, a_n$ ebenfalls linear abhängig sein, was aber der Voraussetzung widerspricht.   ∎

Beispiele. 1.20 a) Im Vektorraum $\mathbf{R}^4$ sind die Vektoren $(1, 0, 0, 0)$, $(0, 1, 0, 0)$, $(0, 0, 1, 0)$, $(0, 0, 0, 1)$ linear unabhängig. Diese vier linear unabhängigen Vektoren sind nicht nur besonders einfach aufgebaut und daher leicht zu merken, sondern es lassen sich alle Elemente aus $\mathbf{R}^4$ linear aus diesen Vektoren darstellen. So gilt für einen beliebigen Vektor $(r_1, r_2, r_3, r_4) \in \mathbf{R}^4$

$$(r_1, r_2, r_3, r_4) = r_1 (1, 0, 0, 0) + r_2 (0, 1, 0, 0) + r_3 (0, 0, 1, 0) + r_4 (0, 0, 0, 1).$$

Daher ist die lineare Hülle aus diesen vier Vektoren gleich $\mathbf{R}^4$:

$$\mathbf{R}^4 = [(1, 0, 0, 0), (0, 1, 0, 0), (0, 0, 1, 0), (0, 0, 0, 1)]$$

b) In $\mathbf{R}^4$ gibt es noch weitere Vektoren, die linear unabhängig sind, und deren lineare Hülle gleich $\mathbf{R}^4$ ist z. B. $(1, 1, 0, 0)$, $(0, 1, 1, 0)$, $(1, 0, 1, 0)$, $(0, 0, 1, 1)$.

1.21 Wir betrachten nun den arithmetischen Vektorraum K^4 über dem Körper $K = \{0, 1\}$. Wählen wir jetzt die gleichen Vektoren wie in Beispiel 1.20 b, so sind diese linear abhängig. Es läßt sich beispielsweise der dritte Vektor aus den beiden ersten durch Addition erzeugen.

$$(1, 1, 0, 0) + (0, 1, 1, 0) = (1 + 0, 1 + 1, 0 + 1, 0 + 0) = (1, 0, 1, 0)$$

Wie man an diesem Beispiel sieht, wird die Unabhängigkeit von Vektoren auch wesentlich beeinflußt durch den zugrunde liegenden Skalarenkörper.

1.22 Im Vektorraum P_3 der Polynome vom höchstens 3. Grad sind die Polynome $p(x) = x^2$ und $q(x) = x^3$ linear unabhängig. Ihre lineare Hülle $[x^2, x^3]$ enthält alle Polynome der Gestalt $f(x) = a_2 x^2 + a_3 x^3$. Daher sind die Polynome $p(x) = x^2$, $q(x) =$

x^3 und $r(x) = -4 x^2 + 7 x^3$ linear abhängig, da sich $r(x)$ aus $p(x)$ und $q(x)$ linear darstellen läßt.

1.2.4 Basis und Dimension

In Beispiel 1.20 a haben wir gesehen, daß die lineare Hülle der vier Vektoren $(1, 0, 0, 0)$, $(0, 1, 0, 0)$, $(0, 0, 1, 0)$, $(0, 0, 0, 1)$ gleich dem gesamten arithmetischen Vektorraum $\mathbf{R}^4$ ist, weil sich jedes Element (a_1, a_2, a_3, a_4) aus $\mathbf{R}^4$ eindeutig als Linearkombination dieser Vektoren darstellen läßt. Außerdem sind diese vier Vektoren linear unabhängig. Es genügen also diese vier Grundvektoren als Basis, um aus ihnen den Vektorraum $\mathbf{R}^4$ aufzuspannen.

Ein ähnliches Ergebnis hatten wir auch schon in Beispiel 1.15 für lineare Hüllen. Hier genügten die drei Polynome $p(x) = x^0$, $q(x) = x^1$, $r(x) = x^2$, um jedes Polynom von höchstens 2. Grad aus dem Vektorraum P_2 zu erzeugen.

Auch hier gilt, daß diese drei Grundvektoren linear unabhängig sind. Wir wollen uns nun speziell mit solchen Vektorräumen beschäftigen, die sich aus einer endlichen Zahl von Vektoren erzeugen lassen. Dabei wollen wir auch fragen, wie viele dieser Vektoren zur Erzeugung von V unbedingt notwendig sind und ob diese Zahl spezifisch für den betreffenden Vektorraum V ist.

Definition 1.6 Eine endliche Teilmenge $B = \{a_1, a_2, \ldots, a_n\}$ eines Vektorraums V heißt B a s i s   v o n   V, wenn folgende zwei Bedingungen erfüllt sind

a) Die Elemente von B sind linear unabhängig.
b) Die Vektoren $a_1, a_2, \ldots, a_n$ erzeugen den ganzen Vektorraum V, d. h., ihre lineare Hülle ist gleich V:

$$[B] = [a_1, a_2, \ldots, a_n] = V.$$

Bei den oben erwähnten Beispielen haben wir gesehen, daß sich alle Vektoren aus V eindeutig durch die Basisvektoren darstellen ließen. Dies läßt sich verallgemeinern und wird im folgenden Satz bewiesen.

Satz 1.6 Ist $B = \{a_1, a_2, \ldots, a_n\}$ eine Basis des Vektorraums V, dann läßt sich jeder Vektor $x \in V$ eindeutig als Linearkombination der Basisvektoren darstellen.

B e w e i s. Wegen $V = [a_1, a_2, \ldots, a_n]$ läßt sich ein beliebiger Vektor $x \in V$ aus den Basisvektoren darstellen. Wir nehmen nun an, es gäbe zwei Darstellungen für x

$$x = r_1 a_1 + r_2 a_2 + \ldots + r_n a_n$$
und $\quad x = s_1 a_1 + s_2 a_2 + \ldots + s_n a_n$

Durch Subtraktion beider Gleichungen und Anwendung der Gesetze des Vektorraumes erhalten wir

$$o = (r_1 - s_1) a_1 + (r_2 - s_2) a_2 + \ldots + (r_n - s_n) a_n.$$

Da die Vektoren $a_1, a_2, \ldots, a_n$ eine Basis von V bilden, sind sie linear unabhängig.

B Daher läßt sich der Nullvektor nur auf triviale Weise erzeugen, d. h.

$$r_1 - s_1 = r_2 - s_2 = \ldots = r_n - s_n = 0$$

oder $r_1 = s_1, r_2 = s_2, \ldots, r_n = s_n.$

Beide Darstellungen des Vektors x sind also nicht voneinander verschieden.   ∎

Beispiel 1.23 Von dem Vektorraum K^2 über dem Körper $K = \{0, 1\}$ wollen wir zwei Basen angeben und daraus jeweils alle Vektoren von K^2 linear erzeugen.

$B_1 \quad = \{(0, 1), (1, 0)\}$	$B_2 \quad = \{(1, 0), (1, 1)\}$
$(0, 0) = 0 \cdot (0, 1) + 0 \cdot (1, 0)$	$(0, 0) = 0 \cdot (1, 0) + 0 \cdot (1, 1)$
$(0, 1) = 1 \cdot (0, 1) + 0 \cdot (1, 0)$	$(0, 1) = 1 \cdot (1, 0) + 1 \cdot (1, 1)$
$(1, 0) = 0 \cdot (0, 1) + 1 \cdot (1, 0)$	$(1, 0) = 1 \cdot (1, 0) + 0 \cdot (1, 1)$
$(1, 1) = 1 \cdot (0, 1) + 1 \cdot (1, 0)$	$(1, 1) = 0 \cdot (1, 0) + 1 \cdot (1, 1)$

Es läßt sich jetzt auch leicht zeigen, daß die Umkehrung von Satz 1.5 gilt. Das ist für den Fall bequem, wenn man schon eine Menge B von Vektoren hat, aus denen sich alle Elemente aus V eindeutig darstellen lassen. Dann bildet diese Menge B eine Basis von V.

Satz 1.7 Ist jeder Vektor x eines Vektorraumes eindeutig als Linearkombination aus n Vektoren $a_1, a_2, \ldots, a_n$ darstellbar, dann bildet die Menge $B_1 = \{a_1, a_2, \ldots, a_n\}$ eine Basis von V.

B e w e i s. Die lineare Hülle $[a_1, a_2, \ldots, a_n]$ ist gleich dem Vektorraum V, da sich jeder Vektor $x \in V$ als Linearkombination aus $a_1, a_2, \ldots, a_n$ darstellen läßt. ,
Sollen diese Vektoren eine Basis von V bilden, so muß nach Definition 1.6 nur noch gezeigt werden, daß die Vektoren $a_1, a_2, \ldots, a_n$ linear unabhängig sind. Die Annahme ihrer linearen Abhängigkeit führt zu einem Widerspruch. Wären nämlich die Vektoren $a_1, a_2, \ldots, a_n$ linear abhängig, dann gäbe es für den Nullvektor mindestens zwei Darstellungen, einmal die triviale und mindestens eine nicht-triviale. Damit gäbe es für den Nullvektor zwei verschiedene Darstellungen, was aber der Voraussetzung der Eindeutigkeit widerspricht.   ∎

Die Basis $B = \{a_1, a_2, \ldots, a_n\}$ eines Vektorraums V ist gleichzeitig eine Minimal- und Maximalbasis.

a) Wir nehmen an, es gäbe eine echte Teilmenge von B, $B_1 = \{a_1, a_2, \ldots, a_k\}, k < n$, die auch Basis von V sei. Daraus folgt $[B_1] = V$. Dann läßt sich z. B. ein Vektor $a_\ell \in B$, $\ell > k$, als Linearkombination der Vektoren $a_1, a_2, \ldots, a_k$ darstellen, d. h., die Vektoren $a_1, a_2, \ldots, a_k, a_\ell$ sind nach Satz 1.4 linear abhängig. Das widerspricht jedoch Satz 1.4 wonach eine nicht-leere Teilmenge von linear unabhängigen Vektoren auch linear unabhängig ist.

b) Eine echte Obermenge B_2 von B kann auch nicht Basis von V sein. Wegen $[B] = V$ ließe sich dann mindestens ein Vektor $a_s \in B_2, a_s \notin B$ finden, der sich als Linearkombination von $a_1, a_2, \ldots, a_n$ darstellen ließe. Damit wären die Vektoren $a_1, a_2, \ldots, a_n$,

a_s linear abhängig und B_2 keine Basis, da alle Vektoren einer Basis linear unabhängig sein müssen.

Jetzt erhebt sich die Frage, ob die Anzahl n einer Basis $B = \{a_1, a_2, \ldots, a_n\}$ von V für diesen Vektorraum V charakteristisch ist, d. h. ob mögliche andere Basen von V ebenfalls aus je n Vektoren bestehen. Nach dem bisherigen Stand könnte es möglich sein, daß eine andere Basis von V mehr oder weniger als n Elemente besitzt. Mit den beiden folgenden Sätzen als Grundlage wird jedoch diese Möglichkeit ausgeschlossen.

Satz 1.8 Es sei $B = \{a_1, a_2, \ldots, a_n\}$ eine Basis von V und der Vektor $b \in V$ besitze folgende Darstellung

$$b = r_1 a_1 + r_2 a_2 + \ldots + r_n a_n, r_k \neq 0, 0 < k \leqslant n.$$

dann ist $B' = \{a_1, a_2, \ldots, a_{k-1}, b, a_{k+1}, \ldots, a_n\}$ ebenfalls eine Basis von V.

B e w e i s. Satz 1.8 besagt mit anderen Worten, daß unter bestimmten Bedingungen ein Vektor a_k der Basis B durch einen nicht zu B gehörigen Vektor b ausgetauscht werden darf.

a) Zur Vereinfachung der Schreibweise nehmen wir an, daß k = 1 ist, also $r_1 \neq 0$, was keine Beschränkung der Allgemeinheit bedeutet. Wegen $r_1 \neq 0$ können wir jetzt die Vektorgleichung für b nach dem Vektor a_1 auflösen.

$$b = r_1 a_1 + r_2 a_2 + \ldots + r_n a_n$$
$$a_1 = r_1^{-1} (b - r_2 a_2 - \ldots - r_n a_n)$$

Damit können wir jeden Vektor $x \in V$ statt mit B mit den Vektoren von B' darstellen. Zunächst gilt für x

$$x = s_1 a_1 + s_2 a_2 + \ldots + s_n a_n.$$

Hierin ersetzen wir den Vektor a_1 durch die oben erhaltene Gleichung.

$$x = s_1 r_1^{-1} (b - r_2 a_2 - \ldots - r_n a_n) + s_2 a_2 + \ldots + s_n a_n$$
$$x = s_1 r_1^{-1} b + (s_2 - s_1 r_1^{-1} r_2) a_2 + \ldots + (s_n - s_1 r_1^{-1} r_n) a_n$$

Jeder Vektor $x \in V$ kann also mit den Vektoren $b, a_2, \ldots, a_n$ dargestellt werden. Also gilt $[b, a_2, a_3, \ldots, a_n] = V$.

b) Die Vektoren der Menge B' sind auch linear unabhängig, d. h., $t_1 b + t_2 a_2 + \ldots + t_n a_n = o$ ist nur auf triviale Weise möglich. In diese Gleichung setzen wir die Darstellung für b ein:

$$t_1 (r_1 a_1 + r_2 a_2 + \ldots + r_n a_n) + t_2 a_2 + \ldots + t_n a_n = o$$
$$t_1 r_1 a_1 + (t_1 r_2 + t_2) a_2 + \ldots + (t_1 r_n + t_n) a_n = o$$

Da die Vektoren $a_1, a_2, \ldots, a_n$ als Basis von B linear unabhängig sind, muß aus dieser Darstellung $t_1 r_1 = t_1 r_2 + t_2 = \ldots = t_1 r_n + t_n = 0$ folgen. Aus $t_1 r_1 = 0$ folgt wegen $r_1 \neq 0$: $t_1 = 0$. Setzen wir in die übrigen Gleichungen für $t_1 = 0$ ein, so erhalten wir $t_2 = t_3 = \ldots = t_n = 0$. ∎

Als Beispiel für Satz 1.8 kann uns der Vektorraum K^2 dienen. Dort hatten wir die Basis $B_1 = \{(0, 1), (1, 0)\}$ durch die Basis $B_2 = \{(1, 0), (1, 1)\}$ ersetzt, indem wir statt des Vektors $(0, 1)$ den Vektor $(1, 1)$ wählten.

Das Verfahren von Satz 1.8 wird nun im folgenden Satz verallgemeinert.

Satz 1.9 (A u s t a u s c h s a t z v o n S t e i n i t z) Der Vektorraum V habe die Basis $\{a_1, a_2, \ldots, a_n\}$, und es seien die Vektoren $b_1, b_2, \ldots, b_k$ linear unabhängige Vektoren aus V. Dann gilt $k \leqslant n$, und es bildet die Menge

$$b_1, b_2, \ldots, b_k, a_{k+1}, \ldots, a_n$$

ebenfalls eine Basis von V, falls man eine passende Numerierung wählt.

B e w e i s. Wir müssen beweisen, daß man ebenfalls eine Basis von V erhält, wenn man k passende Vektoren von $a_1, a_2, \ldots, a_r$ durch die linear unabhängigen Vektoren b_1, $b_2, \ldots, b_k$ ersetzt. Zum Beweis benutzen wir das Verfahren der vollständigen Induktion.
a) Induktionsanfang ($k = 0$).
$k = 0$ bedeutet, daß kein Vektor ausgetauscht zu werden braucht. Satz 1.9 ist also erfüllt.
b) Induktionsschluß (von $k - 1$ nach k).
Induktionsvoraussetzung ist, daß Satz 1.9 richtig für $k - 1 \leqslant n$ ist. Diese Voraussetzung bedeutet, daß bei passender Numerierung die Vektoren

$$b_1, b_2, \ldots, b_{k-1}, a_k, \ldots, a_n$$

auch eine Basis von V bilden. Hierbei müssen die Vektoren $b_1, b_2, \ldots, b_{k-1}$ linear unabhängig sein, was zutrifft, da die $b_1, b_2, \ldots, b_k$ nach Voraussetzung unabhängig sind. Den Fall $k - 1 = n$ können wir ausschließen, da hierbei die Menge $\{b_1, b_2, \ldots, b_{k-1}\}$ schon eine Basis von V wäre. Das würde wiederum bedeuten, daß der Vektor b_k sich aus den $b_1, b_2, \ldots, b_{k-1}$ darstellen ließe. Das ist aber wegen der linearen Unabhängigkeit der $b_1, b_2, \ldots, b_k$ nicht möglich. Damit gilt $k - 1 < n$ oder $k \leqslant n$.
Da die Vektoren $b_1, b_2, \ldots, b_{k-1}, a_k, \ldots, a_n$ eine Basis von V bilden, läßt sich der Vektor b_k durch die Basis darstellen. Es sind jetzt die Voraussetzungen des Satzes 1.8 erfüllt, so daß wir bei geeigneter Numerierung die Basis $\{b_1, b_2, \ldots, b_{k-1}, a_k, \ldots, a_n\}$ durch die Basis $\{b_1, b_2, \ldots, b_k, \ldots, a_n\}$ austauschen dürfen. Der Induktionsschluß ist damit von $k - 1$ nach k durchgeführt, der Satz 1.9 also allgemein bewiesen.   ∎

Mit Hilfe der beiden letzten Sätze läßt sich nun zeigen, daß für einen Vektorraum V mit endlicher Basis die Anzahl n seiner Basisvektoren charakteristisch ist.

Satz 1.10 Je zwei beliebige (endliche) Basen eines Vektorraums V enthalten die gleiche Anzahl von Vektoren.

B e w e i s. Es seien

$$B_1 = \{a_1, a_2, \ldots, a_n\} \quad \text{und} \quad B_2 = \{b_1, b_2, \ldots, b_k\}$$

zwei verschiedene Basen von V.

a) Als Basis spannt B_1 den Vektorraum V auf, also $[B_1] = V$. Als Elemente der Basis B_2 sind die Vektoren $b_1, b_2, \ldots, b_k$ linear unabhängig. Damit sind die Voraussetzungen des Satzes 1.8 erfüllt, und es gilt $k \leqslant n$.

b) Umgekehrt spannt B_2 auch V auf, und die Vektoren $a_1, a_2, \ldots, a_n$ sind linear unabhängig. Daraus folgt wiederum nach Satz 1.8 $n \leqslant k$. Insgesamt erhalten wir so $n = k$. ∎

B

Aus Satz 1.10 ergibt sich u. a., daß ein Vektorraum V nicht gleichzeitig eine endliche und eine unendliche Basis besitzen kann. Ist eine Basis von V unendlich, so sind auch alle anderen Basen unendlich. Auf der Grundlage dieser Ergebnisse kann nun der Begriff der Dimension eines Vektorraums definiert werden.

Definition 1.7 Unter der D i m e n s i o n eines Vektorraums V mit endlicher Basis versteht man die Anzahl n der Basisvektoren einer Basis von V (Kurzschreibweise: dim V = n). V heißt in diesem Falle auch n - d i m e n s i o n a l. Besitzt V keine endliche Basis, so heißt der Vektorraum u n e n d l i c h - d i m e n s i o n a l.

Aus den bisherigen Sätzen lassen sich leicht einige Folgerungen ziehen. Sind von einem n-dimensionalen Vektorraum V k unabhängige Vektoren $b_1, b_2, \ldots, b_k$, $k < n$, bekannt, so lassen sich diese zu einer Basis von V ergänzen. Ist eine Basis B = $\{a_1, a_2, \ldots, a_n\}$ gegeben, so kann die Ergänzung so vor sich gehen, wie es im Austauschsatz (Satz 1.9) dargestellt wurde. Ist das nicht der Fall, so wird man einen Vektor b_{k+1} finden können, so daß die Vektoren $b_1, b_2, \ldots, b_k, b_{k+1}$ unabhängig sind. Ist das nicht möglich, so müßten die Vektoren $b_1, b_2, \ldots, b_k$ den Vektorraum V schon aufspannen, d. h. dim V = k $<$ n. Das ist aber ein Widerspruch zur Voraussetzung dim V = n. So läßt sich in endlich vielen Schritten die Menge $\{b_1, b_2, \ldots, b_k\}$ zu einer Basis mit der Dimension n ergänzen.

Die nächste Folgerung soll wegen ihrer grundsätzlichen Bedeutung als Satz formuliert werden.

Satz 1.11 Sind die Vektoren $b_1, b_2, \ldots, b_n$ eines n-dimensionalen Vektorraumes V linear unabhängig, so bilden sie eine Basis von V.

B e w e i s. Unter der Voraussetzung, daß die Menge B = $\{a_1, a_2, \ldots, a_n\}$ eine Basis von V ist, können wir gemäß dem Austauschsatz 1.9 jeden Vektor a_i durch einen Vektor aus $b_1, b_2, \ldots, b_n$ ersetzen und erhalten so eine neue Basis.
Eine Basis B von V kann man wie folgt erhalten: Wir wählen einen Vektor $a_1 \neq o$, der unabhängig ist, da er vom Nullvektor verschieden ist. Ist $n > 1$, so gibt es einen von a_1 unabhängigen Vektor a_2. Dieses Verfahren, analog demjenigen bei der Basisergänzung, bricht nach n Schritten ab, da dim V = n. ∎

Zuletzt beweisen wir noch einen Satz, der eine Aussage macht über die Beziehung zwischen der Dimension eines Unterraums U von V und der Dimension von V.

Satz 1.12 Wenn U ein Unterraum des Vektorraums V ist, so gelten folgende zwei Beziehungen:

a)   dim U $\leqslant$ dim V
b)   dim U = dim V $\Rightarrow$ U = V

B e w e i s. Zu a). Der Unterraum U habe die Basis

$$b_1, b_2, \ldots, b_k, \quad \dim U = k$$

B   V habe die Basis

$$a_1, a_2, \ldots, a_n, \dim V = n$$

Als Unterraum ist U eine Teilmenge von V, $U \subset V$, also sind die Vektoren b_i, $i = 1, 2,$ $\ldots, k$, die eine Basis von U bilden, Elemente von V und damit linear unabhängige Vektoren in V. Die Vektoren $b_1, b_2, \ldots, b_k$ lassen sich schrittweise zu einer Basis von V mit der Dimension n ergänzen, woraus $\dim U = k \leqslant n = \dim V$ folgt.

Zu b). Es sei $\dim U = \dim V = n$. U habe die Basis $b_1, b_2, \ldots, b_n$. Diese Vektoren sind Elemente von V und in V unabhängig. Nach Satz 1.11 bilden dann die Vektoren $b_1, b_2, \ldots, b_n$ eine Basis von V, also ist $U = V$.   ■

Beispiele Die bisher behandelten Beispiele für Vektorräume wollen wir kurz bezüglich der neuen Begriffe Basis und Dimension durchgehen.

1.24 a) Der Vektorraum $\mathbf{R}^n$ aller n-Tupel über dem Körper $\mathbf{R}$ ist n-dimensional. Eine besonders einfache Basis von n Vektoren ist die folgende Menge:

$$B = \{1, 0, 0, \ldots, 0), (0, 1, 0, \ldots, 0), \ldots, (0, 0, \ldots, 1)\}$$

Diese einfache, in ihrer Gesetzmäßigkeit klar aufgebaute Basis bezeichnet man auch als die k a n o n i s c h e   B a s i s von $\mathbf{R}^n$.

b) Für den Spezialfall $n = 1$ bildet jeder Körper K einen Vektorraum über sich selbst. Die Dimension beträgt 1, die Basis besteht aus einem Element, dem Einselement von K: $[1] = K$.

1.25 Der Warenvektorraum aus Abschn. 1.1 ist als Modell für einen arithmetischen Vektorraum $\mathbf{Q}^4$ über dem Körper $\mathbf{Q}$ der rationalen Zahlen vierdimensional. Die kanonische Basis lautet

$$B = \{(1, 0, 0, 0), (0, 1, 0, 0), (0, 0, 1, 0), (0, 0, 0, 1)\}$$

Die folgenden vier Vektoren sind linear unabhängig und bilden daher auch eine Basis von $\mathbf{Q}^4$:

$$B_1 = \{(1, 1, 0, 0), (0, 1, 1, 0), (1, 0, 1, 0), (0, 0, 1, 1)\}$$

1.26 Der arithmetische Vektorraum K^2 über dem Körper $K = \{0, 1\}$ ist zweidimensional.

Neben der kanonischen Basis sind noch zwei andere Basen möglich.

$$B = \{(0, 1), (1, 0)\} \qquad B_1 = \{(0, 1), (1, 1)\} \qquad B_2 = \{(1, 0), (1, 1)\}$$

1.27 Die Menge P_1 der Polynome höchstens 1. Grades ist zweidimensional. Als Basen mit zwei Vektoren sind z. B. folgende möglich:

$$B = \{p(x) = x^0, q(x) = x^1\} \qquad B_1 = \{p(x) = 2, q(x) = 3x\}$$

Ein Polynom $f(x)$ aus P_1 wird mit Hilfe der Basisvektoren von B so gewonnen:

$$f(x) = a_0(x^0) + a_1(x^1)$$

Mit den Elementen von B_1 erhalten wir die Schreibweise

$$f(x) = 2^{-1} \cdot a_0 \, (2 \, x^0) + 3^{-1} \cdot a_1 \, (3 \, x^1)$$

$$f(x) = \frac{1}{2} \, a_0 \, (2 \, x^0) + \frac{1}{3} \, a_1 \, (3 \, x^1).$$

1.28 a) Der Vektorraum P_n der Polynome höchstens n-ten Grades ist $(n + 1)$-dimensional. Die einfachste Basis für P_n ist die folgende:

$$B = \left\{ x^0, x^1, x^2, \dots, x^n \right\}$$

b) Die Menge P aller Polynome bezüglich der Addition und Multiplikation mit einem Skalar bildet ebenfalls einen Vektorraum, der jedoch unendlich-dimensional ist. Eine Basis bildet die folgende unendliche Menge:

$$B = \left\{ f(x) \mid f(x) = x^n, \text{ für } n = 0, 1, 2, \dots \right\}$$

1.29 Ebenfalls unendlich-dimensional sind die folgenden Vektorräume

die Menge F aller reellen Funktionen über dem reellen Intervall $[a, b]$,

die Menge aller Folgen reeller Zahlen,

die Menge aller konvergenten Folgen reeller Zahlen.

1.30 Der Vektorraum, der nur aus dem Nullvektor $\{o\}$ besteht, hat nicht die Dimension 1, da der Nullvektor linear abhängig ist. Daher wird diesem Vektorraum die Dimension 0 zugeschrieben.

Aufgaben

1.1 Weisen Sie nach, daß die Menge $\mathbf{R}^n$ aller n-Tupel bezüglich der in Beispiel 1.1 angegebenen linearen Operationen einen Vektorraum bildet. Hinweise für das Vorgehen liefert Abschn. 1.1.

1.2 a) Zeigen Sie in allen Einzelheiten, daß durch Beispiel 1.5 ein Vektorraum gegeben ist. b) Führen Sie die in Beispiel 1.5 definierten Operationen der Addition und Multiplikation für die Funktionen $p(x) = 0{,}5 \, x - 1$, $q(x) = -x + 2$, $r = 2$, durch und stellen Sie diese in einem Koordinatensystem dar.

1.3 Überprüfen Sie an drei verschiedenen Beispielen mit den Elementen $(0, 1)$, $(1, 0)$ und $(1, 1)$ aus dem Vektorraum K^2 (Beispiel 1.3) die Gültigkeit des assoziativen Gesetzes bezüglich der Addition in K^2.

1.4 Im arithmetischen Vektorraum $\mathbf{R}^5$ seien folgende Untermengen gegeben:

$$U_1 = \left\{ x \mid x = (x_1, x_2, x_3, 0, 0) \wedge x_i \in \mathbf{R} \right\}$$

$$U_2 = \left\{ x \mid x = (0, x_2, x_3, x_4, 0) \wedge x_i \in \mathbf{R} \right\}.$$

Zeigen Sie, daß die Teilmengen U_1 und U_2 Untervektorräume von $\mathbf{R}^5$ bilden.

B **1.5** Gegeben seien aus dem Vektorraum P_1 von höchstens 1. Grad die beiden Polynome $p(x) = 0{,}4 - 1{,}2\,x$ und $q(x) = -2{,}5 + 0{,}8\,x$. Weisen Sie nach, daß die aus den Elementen $m \cdot p(x) + n \cdot q(x)$, $m, n \in \mathbf{R}$, bestehende Menge einen Unterraum von P_1 bildet.

1.6 Gegeben seien die Untermengen U_1 und U_2 des arithmetischen Vektorraums $\mathbf{R}^5$ aus Aufgabe 1.4.

a) Zeigen Sie, daß die Schnittmenge $U_1 \cap U_2$ einen Unterraum von $\mathbf{R}^5$ bildet.
b) Die Vereinigungsmenge $U_1 \cup U_2$ bildet dagegen keinen Unterraum. Zeigen Sie das an einem Gegenbeispiel, indem Sie nachweisen, daß z. B. die Bedingung 1 des Unterraumkriteriums Satz 1.1 nicht erfüllt ist.

1.7 Bestätigen Sie, daß im Vektorraum $\mathbf{R}^3$ die Gleichung

$$r_1\,(-10,\ 15,\ -20) + r_2\,(2,\ -3,\ 5) + r_3\,(0{,}5,\ -0{,}75,\ 1{,}25) = o$$

eine nicht-triviale Lösung besitzt, indem Sie durch Probieren mindestens eine Lösung für r_1, r_2, r_3 suchen.

1.8 Die Vektoren $x = (2, 1, 3, 4, -5)$, $y = (-3, -2, 1, 4, 3)$ und $z = (1, 0, 5, 4, -7)$ sind linear abhängig. Suchen Sie durch Probieren geeignete Koeffizienten r und s, so daß $z = r \cdot x + s \cdot y$ gilt.

1.9 Zeigen Sie, daß die Vektoren $(1, 1, 0, 0)$, $(0, 1, 1, 0)$, $(1, 0, 1, 0)$ und $(0, 0, 1, 1)$ aus dem Vektorraum $\mathbf{R}^4$ linear unabhängig sind. (Zugehöriges Gleichungssystem lösen!)

1.10 Die Menge $B = \{(0, 1, 1), (1, 0, 1), (1, 0, 0)\}$ bildet eine Basis des Vektorraums K^3 über dem Körper $K = \{0, 1\}$. Weisen Sie das nach, indem Sie alle Elemente von K^3 als Linearkombinationen der Basisvektoren darstellen und dann die lineare Unabhängigkeit der Vektoren aus B zeigen.

1.11 Im Vektorraum P_2 aller Polynome höchstens 2. Grades bildet die Menge

$$B = \left\{ p(x) = 5,\ q(x) = \frac{1}{2}\,x,\ r(x) = -\frac{2}{3}\,x^2 \right\}$$

eine Basis. Stellen Sie die Polynome $f(x) = -3 + 7\,x + 11\,x^2$ und $g(x) = 31 - \sqrt{3}\,x - \sqrt[3]{5}\,x^2$ als Linearkombinationen der Basisvektoren aus B dar.

C ## 1.3 Vektoren des dreidimensionalen Anschauungsraumes

In diesem Abschnitt soll, ausführlicher als bisher, ein weiteres Beispiel für einen Vektorraum beschrieben werden, das für den Mathematikunterricht in der Schule relevant ist. Aus diesem Grunde sind auch in den folgenden Ausführungen Bemerkungen und Hinweise enthalten, die sich auf didaktische Fragen beziehen.

1.3.1 Die Menge V der Vektoren des Raumes

Aus didaktischen Gründen ist es nicht ratsam, die Vektoren unmotiviert einzuführen.
Eine geeignete Gelegenheit für eine sinnvolle Einführung ergibt sich bei der Behandlung
der Abbildung der Menge aller Punkte des Raumes auf sich selbst durch Verschiebung.
(In der Schule wird man sich bei der Verschiebung und auch bei den Vektoren zunächst
auf die Punkte einer Ebene beziehen und erst später auf die Punkte im Raum übergehen.
Wir wollen hier jedoch wegen der größeren Allgemeinheit sofort vom Raum ausgehen.)

Bei der Durchführung von Verschiebungen nach einer entsprechenden Abbildungsvor-
schrift ergibt sich u. a., daß zu einer Verschiebung S eine Menge von geordneten Punkt-
paaren $\{(A, A'), (B, B'), (C, C') \ldots\}$ gehört und daß die Verschiebung S schon durch
ein einziges Punktepaar (P, P') bestimmt wird, wobei P den Originalpunkt und P' den
zugehörigen Bildpunkt bezeichnen. Zeichnerisch stellt man ein geordnetes Punktepaar
(P, P') durch einen Pfeil mit dem Anfangspunkt P und dem Endpunkt P' dar. Gemäß
der Definition gehört dann zu einer Verschiebung S eine Menge von Pfeilen, die parallel
und gleichorientiert sind und die gleiche Länge besitzen. Außerdem ist eine Verschiebung S durch die Angabe eines einzigen Pfeiles bestimmt bzw. wird durch einen Pfeil
repräsentiert. Hier ergibt sich die geeignete Gelegenheit, den Begriff des Vektors einzuführen.

Definition 1.8 Die Menge aller Pfeile im Raum, die gleichlang, parallel und gleichorientiert sind, heißt V e k t o r.

Mit dieser Definition wird in der Menge aller Pfeile des Raumes eine Äquivalenzrelation
erklärt. Deshalb spricht man auch von der zu einem Vektor gehörigen Pfeilklasse. Außerdem kann wegen der Äquivalenzrelation jeder Pfeil als Repräsentant des zugehörigen
Vektors oder der Pfeilklasse dienen. Als Schreibweise für die Vektoren verwenden wir
halbfette kleine Buchstaben bzw. geordnete Punktpaare mit einem Pfeil: $\mathbf{a} = \overrightarrow{PP'}$,
$\mathbf{b} = \overrightarrow{QQ'}$.

1.3.2 Die abelsche Gruppe (V, +)

Als Ergebnis des vorigen Abschnitts haben wir erhalten, daß die Verschiebung S im
Raum durch einen Vektor bzw. eine Pfeilklasse dargestellt und gedeutet werden kann.
Daher können wir zwei Verschiebungen S_1 und S_2 wie folgt kennzeichnen

$$S_1: \quad \mathbf{a} = \overrightarrow{PP'} \qquad S_2: \quad \mathbf{b} = \overrightarrow{QQ'}$$

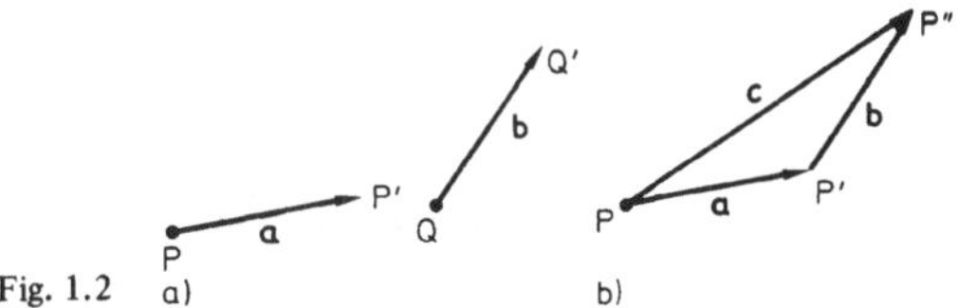

Fig. 1.2   a)   b)

C Die Verkettung zweier Verschiebungen S_1 und S_2 durch Nacheinanderausführung
bietet eine geeignete Gelegenheit, die Addition von Vektoren zu definieren. Fig. 1.2
zeigt, wie die Nacheinanderausführung zweier Verschiebungen erfolgt. Die zusammen-
gesetzte Verschiebung $S_1 \circ S_2$ wird durch den Vektor c bestimmt

$$S_1 \circ S_2 : \quad c = \overrightarrow{PP''}$$

Wenden wir auf den Punkt P die Verschiebung S_1 an, so erhalten wir den Punkt P'.
Von P' ausgehend erfolgt die Verschiebung S_2, die zu dem Bildpunkt P'' führt. Durch
die Verschiebung $S_1 \circ S_2$ wird somit der Punkt P auf den Punkt P'' abgebildet. Die
neue Verschiebung $S = S_1 \circ S_2$ ist von der zufälligen Wahl des Punktes P unabhängig.
Gehen wir von einem anderen Punkt R aus, so erhalten wir den gleichen Vektor c:

$$S_1 \circ S_2 : \quad c = \overrightarrow{RR''}$$

Durch die Darstellung und Deutung einer Verschiebung S durch einen Vektor können
wir die Nacheinanderausführung zweier Verschiebungen auch rein durch Vektoren beschreiben.

Der Operation der Nacheinanderausführung bei den Verschiebungen entspricht bei den
Vektoren die Vektoraddition als Verknüpfung. Wir schreiben daher

$$\begin{aligned}
S_1 \circ S_2 \quad &= S \\
\overrightarrow{PP'} + \overrightarrow{P'P''} \quad &= \overrightarrow{PP''} \\
a + b \quad &= c
\end{aligned}$$

Die nun folgende allgemeine Definition der Vektoraddition erscheint jetzt keineswegs
willkürlich, sondern wird durch den engen Bezug zur Nacheinanderausführung von
Verschiebungen motiviert und einsichtig.

Definition 1.9 Unter der Summe a + b zweier Vektoren verstehen wir denjenigen
Vektor c, dessen Repräsentant auf folgende Weise entsteht. Für den Vektor a wählen
wir als Repräsentant einen Pfeil $\overrightarrow{AB}$ und für b denjenigen Pfeil $\overrightarrow{BC}$, dessen Anfangspunkt mit dem Endpunkt von $\overrightarrow{AB}$ zusammenfällt. Dann sei der Pfeil $\overrightarrow{AC}$ ein Repräsentant der Vektorsumme a + b (s. Fig. 1.3 und 1.4) Kurzschreibweise

$$a + b = c \qquad \text{oder} \qquad \overrightarrow{AB} + \overrightarrow{BC} = \overrightarrow{AC}$$

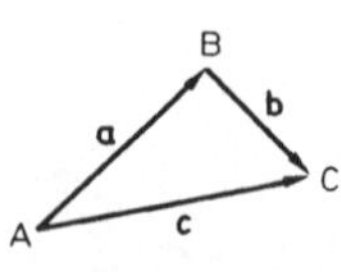

Fig. 1.3

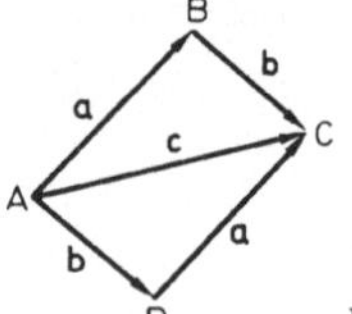

Fig. 1.4

Inhaltlich gesehen würde sich jetzt in der Schule die Untersuchung anschließen, welche
Eigenschaften die Operation der Nacheinanderausführung von Verschiebungen besitzt.

Wegen der Entsprechung von Verschiebungen und Vektoren läßt sich diese Untersuchung leichter und anschaulicher an der Vektoraddition durchführen.

Eigenschaften der Vektoraddition

Satz 1.13 Die Vektoraddition ist kommutativ.

(K) $a + b = b + a$

B e w e i s. Gemäß Fig. 1.4 bilden wir die Vektoren $a + b$ und $b + a$.

$$a + b = \overrightarrow{AB} + \overrightarrow{BC} = \overrightarrow{AC} \qquad b + a = \overrightarrow{AD} + \overrightarrow{DC} = \overrightarrow{AC}$$

Damit gilt $a + b = b + a$.   ∎

Satz 1.14 Die Vektoraddition ist assoziativ.

(A^{+}) $(a + b) + c = a + (b + c)$

B e w e i s. Nach Fig. 1.5 untersuchen wir die linke und rechte Seite der obigen Gleichung gesondert.

$$(a + b) + c = (\overrightarrow{AB} + \overrightarrow{BC}) + \overrightarrow{CD} = \overrightarrow{AC} + \overrightarrow{CD} = \overrightarrow{AD}$$
$$a + (b + c) = \overrightarrow{AB} + (\overrightarrow{BC} + \overrightarrow{CD}) = \overrightarrow{AB} + \overrightarrow{BD} = \overrightarrow{AD}$$ ∎

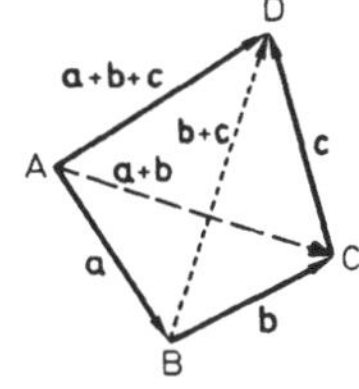

Fig. 1.5

Satz 1.15 Der Nullvektor $o = \overrightarrow{PP}$ ist das neutrale Element bezüglich der Vektoraddition

(N) $a + o = o + a = a$

B e w e i s. Es gilt $a + o = \overrightarrow{AB} + \overrightarrow{BB} = \overrightarrow{AB}$ und $o + a = \overrightarrow{AA} + \overrightarrow{AB} = \overrightarrow{AB}$.   ∎

Als Verschiebung gedeutet stellt der Nullvektor o die identische Abbildung des Raumes auf sich selbst dar, wobei also jeder Punkt des Raumes auf sich selbst abgebildet wird. Es ist wegen der Addition naheliegend, daß wir einen Vektor, der sich von dem Vektor $a = \overrightarrow{AB}$ nur in der Orientierung unterscheidet, als Gegenvektor von a bezeichnen und die Schreibweise $-a = \overrightarrow{BA}$ benutzen.

Satz 1.16 Zu jedem Vektor a aus der Menge V gibt es einen Gegenvektor $-a$ aus V, der zu a invers ist.

(I) $(a + (-a) = (-a) + a = o$

C   B e w e i s. (s. Fig. 1.6)

$$a + (-a) = \overrightarrow{AB} + \overrightarrow{BA} = \overrightarrow{AA} = o$$
$$(-a) + a = \overrightarrow{BA} + \overrightarrow{AB} = \overrightarrow{BB} = o$$

■

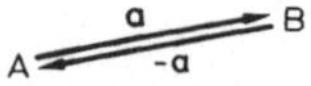

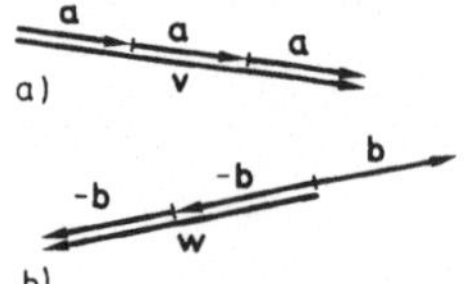

Fig. 1.6

Die Ergebnisse der Sätze 1.13 bis 1.16 fassen wir in dem folgenden Satz zusammen.

Satz 1.17 Die Menge **V** der Vektoren des Raumes bildet bezüglich der Vektoraddition eine abelsche Gruppe. Anders ausgedrückt: Das Verknüpfungsgebilde (V, +) besitzt die Eigenschaften (A^+), (N), (I) und (K).

1.3.3 Multiplikation eines Vektors mit einer reellen Zahl

V o r b e m e r k u n g e n. Die Multiplikation eines Vektors mit einer Zahl kann sicher in der Sekundarstufe 1 eingeführt werden, da sich diese Operation anschaulich leicht darstellen läßt. Der Nachweis ihrer Eigenschaften (A^+), (D_1), (D_2) jedoch wird vorwiegend erst in der Sekundarstufe 2 erfolgen können, etwa im Rahmen der analytischen Geometrie oder bei der Behandlung von Vektorräumen.

Ehe wir die Multiplikation mit einem Skalar definieren, wollen wir festlegen, was wir unter der Länge eines Vektors **a** verstehen.

Definition 1.10 Die L ä n g e |a| oder der B e t r a g eines Vektors $a = \overrightarrow{AB}$ ist eine nicht-negative Zahl und gleich der Länge eines den Vektor **a** repräsentierenden Pfeils

$$|a| = |\overrightarrow{AB}|$$

Die Länge des Nullvektors **o** soll 0 betragen

$$|o| = 0.$$

In Fig. 1.7a ist der Vektor **v** = **a** + **a** + **a** dargestellt, der die gleiche Richtung wie **a** besitzt und dreimal so lang ist. Fig. 1.7b zeigt den Vektor **w** = (−**b**) + (−**b**), der dem Vektor **b** entgegengerichtet und zweimal so lang ist. Es ist sinnvoll, für den Vektor **v** und **w** auch folgende Schreibweise einzuführen: **v** = 3 · **a** und **w** = 2 · (−**b**) = −(2 **b**). Diese Vereinbarung verallgemeinern wir, indem wir die folgende neue Verknüpfung einführen.

Fig. 1.7

Definition 1.11 r sei eine positive reelle Zahl, $r \in \mathbf{R}^+$, und $\mathbf{a}$ ein Vektor aus $\mathbf{V}$. Unter $r \cdot \mathbf{a} = r\mathbf{a}$ verstehen wir einen Vektor, der die gleiche Richtung wie $\mathbf{a}$ besitzt und r mal so lang ist. Weiter soll gelten:

$$0 \cdot \mathbf{a} = \mathbf{o} \quad \text{und} \quad (-r)\,\mathbf{a} = -(r\mathbf{a})$$

Aus dieser Definition ergeben sich sofort die Folgerungen:

a) $1\,\mathbf{a} = \mathbf{a}$ b) $(-1)\,\mathbf{a} = -(1\,\mathbf{a}) = -\mathbf{a}$ c) $r\mathbf{o} = \mathbf{o}$

Führen wir noch die Bezeichnung $\mathbf{a}_0$ für denjenigen Vektor ein, der die gleiche Richtung wie $\mathbf{a}$, jedoch die Länge 1 besitzt, so können wir jeden Vektor $\mathbf{a}$ als Vielfaches aus seiner Länge und dem Vektor $\mathbf{a}_0$ schreiben, d. h. $|\mathbf{a}_0| = 1$ und $\mathbf{a} = r\mathbf{a}_0$, für $|\mathbf{a}| = r$.

Da wir nachweisen wollen, daß $\mathbf{V}$ einen Vektorraum bildet, muß die Gültigkeit der Gesetze $(A^{\cdot})$, (D_1), (D_2) und (E) für die Multiplikation mit einem Skalar gezeigt werden. Mit der obigen Folgerung a), d. h. $1\,\mathbf{a} = \mathbf{a}$, ist schon der Nachweis von (E) erbracht. Es sollen nun die Gesetze $(A^{\cdot})$, (D_1) und (D_2) bewiesen werden.

Satz 1.18 Für $r, s \in \mathbf{R}^+$ gilt

$(A^{\cdot})$ a) $(rs)\,\mathbf{a} = r\,(s\mathbf{a})$

           b) $[(-r)\,s]\,\mathbf{a} = (-r)\,(s\mathbf{a})$

           c) $[r(-s)]\,\mathbf{a} = r\,[(-s)\,\mathbf{a}]$

           d) $[(-r)\,(-s)]\,\mathbf{a} = (-r)\,[(-s)\,\mathbf{a}]$

B e w e i s. a) Die Vektoren $(rs)\,\mathbf{a}$ und $r\,(s\mathbf{a})$ sind gleichgerichtet zum Vektor $\mathbf{a}$. Es muß dann noch gezeigt werden, daß ihre Beträge (Längen) gleich sind.

$$|(rs)\,\mathbf{a}| = (rs)\,|\mathbf{a}| = r\,(s\,|\mathbf{a}|) \qquad \text{wegen der Assoziativität der Multiplikation}$$
$$|r(s\mathbf{a})| = r\,|s\mathbf{a}| = r\,(s\,|\mathbf{a}|) \qquad \text{reeller Zahlen}$$

b) Wegen Fall a) und der letzten Festsetzung in Definition 1.11 können wir schreiben:

$$[(-r)\,s]\,\mathbf{a} = (-rs)\,\mathbf{a} = -[(rs)\,\mathbf{a}] = -[r(s\mathbf{a})] = (-r)\,(s\mathbf{a})$$

c) Analog zu Fall b).

d) $[(-r)\,(-s)]\,\mathbf{a} = (rs)\,\mathbf{a} = r\,(s\mathbf{a}) = (-r)\,(-1)\,(s\mathbf{a}) = (-r)\,(-s\mathbf{a}) = (-r)\,[(-s)\,\mathbf{a}]$ ∎

Gilt $r = 0$ oder $s = 0$, so erhalten wir auf beiden Seiten den Nullvektor. Insgesamt können wir alle Fälle in einer Gleichung zusammenfassen:

$(A^{\cdot})$ $(rs)\,\mathbf{a} = r\,(s\mathbf{a})$ für $r, s \in \mathbf{R}$.

Satz 1.19 Es gilt (s. Fig. 1.8) $r \in \mathbf{R}^+$

(D_1) a) $r\,(\mathbf{a} + \mathbf{b}) = r\mathbf{a} + r\mathbf{b}$

           b) $(-r)\,(\mathbf{a} + \mathbf{b}) = (-r\mathbf{a}) + (-r\mathbf{b})$

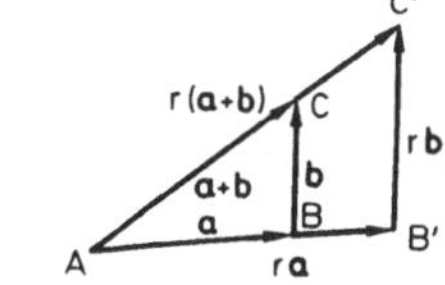

Fig. 1.8

C B e w e i s. a) Das Dreieck ABC wird durch die Vektoren **a**, **b** und **a** + **b** bestimmt. Wir zeichnen danach das Dreieck $AB'C'$, dessen Seiten $\overline{AC'}$ und $\overline{AB'}$ die r-fache Länge von $\overline{AC}$ und $\overline{AB}$ besitzen.

$$| \overline{AC'} | = | r(a+b) | = r | a+b | | \overline{AB'} | = | ra | = r | a |$$

Durch diese Konstruktion sind die Dreiecke ABC und $AB'C'$ ähnlich, und es können die Ähnlichkeitssätze angewendet werden. Daher sind die Seiten $\overline{BC}$ und $\overline{B'C'}$ parallel und für ihre Beträge gilt $| \overline{B'C'} | = r | \overline{BC} |$. Für die zugehörigen Vektoren bedeutet das: $\overrightarrow{B'C'} = r \, \overrightarrow{BC} = r\mathbf{b}$.

Für den Vektor $\overrightarrow{AC'}$ ergeben sich somit zwei Beziehungen:

$$\overrightarrow{AC'} = r \, (a+b)   \overrightarrow{AC'} = ra + rb$$

b) $(-r) \, (a+b) = r \, [-(a+b)] = r \, [(-a) + (-b)] = r \, (-a) + r \, (-b) = (-ra) + (-rb)$ ∎

Falls r = 0 ist, erhalten wir auf beiden Seiten den Nullvektor. Statt der Fallunterscheidungen können wir die Regel (D_1) auch durch eine Gleichung ausdrücken:

(D_1) $r(a+b) = ra + rb, \quad r \in \mathbf{R}$

Für den Fall, daß die Vektoren **a** und **b** parallel sind, wenn also **b** = s**a** gilt, läßt sich der obige Beweis vereinfacht durchführen.

Satz 1.20 Für $r, s \in \mathbf{R}^+$ gilt

(D_2) a) $(r+s) \, a = ra + sa$
         b) $(-r+s) \, a = -ra + sa$
         c) $(r + (-s)) \, a = ra + (-sa)$
         d) $(-r + (-s)) \, a = -ra + (-sa)$

B e w e i s. a) Die Vektoren $(r+s) \, a$ und $(ra + sa)$ haben die gleiche Richtung wie der Vektor **a**. Für ihre Beträge gilt daher

$$| (r+s) \, a | = (r+s) \, | a | = r | a | + s | a |$$

$$| ra + sa | = | ra | + | sa | = r | a | + s | a |$$

b) bis d) Analoge Beweisführung.   ∎

Beziehen wir die Fälle r = 0 oder s = 0 noch ein, so können wir die Regel (D_2) auch so schreiben:

(D_2) $(r+s) \, a = ra + sa \quad$ für $r, s \in \mathbf{R}$.

Die Ergebnisse aus Abschn. 1.3.1 bis 1.3.3 fassen wir in dem folgenden Satz zusammen.

Satz 1.21 Die Menge **V** der Vektoren des Anschauungsraumes bildet bezüglich der Vektoraddition und der Multiplikation mit einer reellen Zahl einen Vektorraum.

Damit gelten für **V** alle Sätze, die allgemein aus den Axiomen des Vektorraums hergeleitet worden sind. Einige dieser Folgerungen sollen im nächsten Abschnitt speziell für die Vektoren des Raumes formuliert werden.

1.3.4 Basis und Dimension, Untervektorräume   C

Bei der Behandlung der Vektoren des Anschauungsraumes haben wir keine räumlichen
Koordinaten benutzt. Für den Nachweis der Dreidimensionalität von V müssen wir
jedoch von einem räumlichen Koordinatensystem mit dem Ursprungspunkt O ausgehen. Da für die Schule das kartesische Koordinatensystem wesentlich ist, gehen wir
von drei in O aufeinander senkrecht stehenden Geraden aus, die wir als x_1-, x_2- und
x_3-Achse bezeichnen und die in der angegebenen Reihenfolge ein Rechtssystem bilden.
Wir setzen voraus, daß sich die Punkte des Raums bijektiv auf die Elemente von R_3,
also die Zahlentripel aus reellen Zahlen, abbilden lassen, bezogen auf das vorgegebene
Koordinatensystem mit dem Anfangspunkt O.

Jeder Punkt P des Raumes stellt mit dem Anfangspunkt O ein geordnetes Punktepaar
(O, P) dar. Ein solches Paar kann durch einen Pfeil von O nach P dargestellt werden,
der wiederum Repräsentant des Vektors $\overrightarrow{OP}$ ist. Der von dem Punktepaar (O, P) reprä-
sentierte Vektor $\overrightarrow{OP}$ bezeichnet man auch als den Ortsvektor des Punktes P (Fig. 1.9).

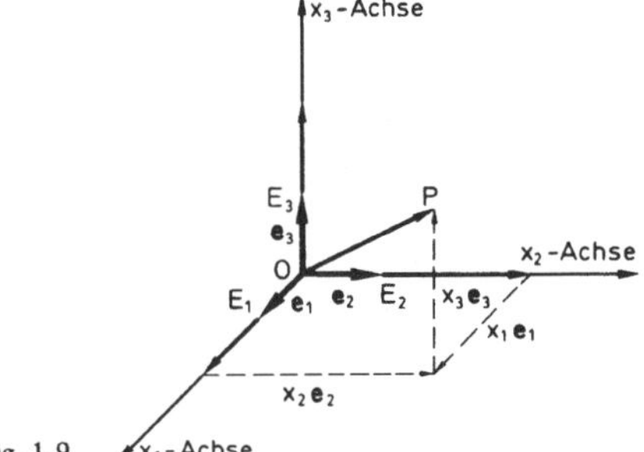

Fig. 1.9

Zur einfachen Festlegung der Punkte des Raumes bzw. der Ortsvektoren legen wir
folgende Basisvektoren oder Einheitsvektoren fest:

$$e_1 = \overrightarrow{OE_1}, E_1 = (1, 0, 0); \qquad e_2 = \overrightarrow{OE_2}, E_2 = (0, 1, 0); \qquad e_3 = \overrightarrow{OE_3}, E_3 = (0, 0, 1)$$

Jeder Ortsvektor $\overrightarrow{OP}$ bzw. jeder Punkt des Raumes läßt sich nun eindeutig mit Hilfe der
Einheitsvektoren e_1, e_2, e_3 darstellen.

$$\overrightarrow{OP} = p = x_1 e_1 + x_2 e_2 + x_3 e_3$$

x_1, x_2, x_3 bezeichnet man als K o o r d i n a t e n des Ortsvektors $\overrightarrow{OP}$ bzw. des Punktes
P.

Die Vektoren $x e_1, x_2 e_2$ und $x_3 e_3$ heißen die K o m p o n e n t e n des Vektors p.

Die Menge B der Einheitsvektoren $B = \{e_1, e_2, e_3\}$ bildet eine B a s i s für alle Ortsvektoren.

Selbstverständlich sind die Basisvektoren l i n e a r u n a b h ä n g i g. d. h. die Gleichung

$$x_1 e_1 + x_2 e_2 + x_3 e_3 = o$$

C hat nur die triviale Lösung $x_1 = x_2 = x_3 = 0$. Die Dimension beträgt daher n = 3. Andererseits bilden drei linear unabhängige Vektoren a_1, a_2, a_3 eine Basis. Da die Dimension n = 3 beträgt, sind je vier oder mehr Vektoren linear abhängig.

Mit den Ortsvektoren sind alle Vektoren des Raumes erfaßt. Ist nämlich ein Vektor $\overrightarrow{PQ}$ durch das geordnete Punktepaar (P, Q) gegeben, $P(x_1, x_2, x_3)$ und $Q(y_1, y_2, y_3)$, so gehört der zu dem Punktepaar (P, Q) gehörende Pfeil zu dem Vektor

$$\overrightarrow{PQ} = (y_1 - x_1)\,e_1 + (y_2 - x_2)\,e_2 + (y_3 - x_3)\,e_3.$$

Dieser Vektor $\overrightarrow{PQ}$ ist jedoch gleich den Ortsvektor $\overrightarrow{OR}$ mit $R(y_1 - x_1, y_2 - x_2, y_3 - x_3)$ als Koordinaten.

Wählt man eine Teilmenge aus der Menge von drei unabhängigen Vektoren aus, so sind diese auch linear unabhängig und spannen einen Untervektorraum von V auf. So werden z. B. durch die Basis $B_1 = \{e_1, e_2\}$ alle Vektoren erzeugt, die in der durch die x_1- und x_2-Achse festgelegten Ebene liegen. Die Dimension beträgt n = 2.

$$\overrightarrow{OP} = p = x_1\,e_1 + x_2\,e_2$$

Jeder Vektor der (x_1, x_2)-Ebene ist als Linearkombination von e_1 und e_2 darstellbar.

Gibt man einen Vektor $p \neq 0$ vor, der ja linear unabhängig ist, so erhält man einen Untervektorraum von V mit der Dimension n = 1, der alle Vielfachen rp von p enthält. Es sind dies alle Vektoren, die durch die durch p gehende Gerade bestimmt sind, wenn wir sie von Nullpunkt aus abtragen.

Mit diesen kurzen Hinweisen müssen wir uns an dieser Stelle begnügen. Zweifellos wäre es interessant, noch weitere Folgerungen für die Vektoren des dreidimensionalen Anschauungsraumes zu ziehen und auf Geraden- und Ebenengleichungen in Vektorform überzugehen. Hier ergeben sich viele Möglichkeiten für den Mathematikunterricht, das Thema in mehreren Richtungen weiter zu verfolgen.

2. Struktur der Lösungsmenge eines linearen Gleichungssystems

A **2.1 Lösungsmenge eines speziellen homogenen Gleichungssystems mit vier Variablen**

Bei der Untersuchung der linearen Abhängigkeit bzw. Unabhängigkeit von Vektoren in Abschn. 1 mußten wir in einigen Beispielen lineare Gleichungen von bestimmter Gestalt lösen.

Dieses Problem wollen wir zum Anlaß nehmen, zunächst ausführlich an einem Beispiel, die Struktur der Lösungsmenge eines linearen Gleichungssystems zu untersuchen, weil sich hierbei weitere Beispiele für endlich dimensionale Vektorräume ergeben.

Problem Gegeben seien die folgenden vier Vektoren aus dem arithmetischen Vektorraum $\mathbf{R}^4$

$$\mathbf{a}_1 = (1, 2, 1, 2) \qquad \mathbf{a}_2 = (4, 5, 4, 5)$$
$$\mathbf{a}_3 = (1, 3, -3, -1) \qquad \mathbf{a}_4 = (-1, 2, -2, 1)$$

Sind diese vier Vektoren aus $\mathbf{R}^4$ linear abhängig oder unabhängig?

L ö s u n g. Laut Definition sind die Vektoren $\mathbf{a}_1, \mathbf{a}_2, \mathbf{a}_3, \mathbf{a}_4$ linear abhängig, wenn die folgende Vektorgleichung eine nicht-triviale Lösung besitzt:

$$t_1 \mathbf{a}_1 + t_2 \mathbf{a}_2 + t_3 \mathbf{a}_3 + t_4 \mathbf{a}_4 = \mathbf{o}$$
$$t_1 (1, 2, 1, 2) + t_2 (4, 5, 4, 5) + t_3 (1, 3, -3, -1) + t_4 (-1, 2, -2, 1) = \mathbf{o}$$

Der Nullvektor $\mathbf{o} = (0, 0, 0, 0)$ ist die triviale Lösung, weil gilt

$$0\,\mathbf{a}_1 + 0\,\mathbf{a}_2 + 0\,\mathbf{a}_3 + 0\,\mathbf{a}_4 = \mathbf{o}$$

Wie läßt sich nun feststellen, ob es neben dem Nullvektor weitere Lösungen gibt? Zu diesem Zweck formen wir die obige Gleichung um, indem wir die Eigenschaften der Addition und der Vervielfachung bei n-Tupeln anwenden.

$$t_1 (1, 2, 1, 2) + t_2 (4, 5, 4, 5) + t_3 (1, 3, -3, -1) + t_4 (-1, 2, -2, 1) = \mathbf{o}$$
$$(t_1, 2\,t_1, t_1, 2\,t_1) + (4\,t_2, 5\,t_2, 4\,t_2, 5\,t_2) + (t_3, 3\,t_3, -3\,t_3, -t_3) +$$
$$+ (-t_4, 2\,t_4, -2\,t_4, +t_4) = \mathbf{o}$$
$$(t_1 + 4\,t_2 + t_3 - t_4, 2\,t_1 + 5\,t_2 + 3\,t_3 + 2\,t_4, t_1 +$$
$$+ 4\,t_2 - 3\,t_3 - 2\,t_4, 2\,t_1 + 5\,t_2 - t_3 + t_4) = \mathbf{o}$$

Wenn der links stehende Vektor gleich dem Nullvektor sein soll, dann muß jede Komponente gleich Null sein. Dies führt zu folgenden vier Gleichungen mit den Variablen t_1, t_2, t_3 und t_4, die wir nach einem bestimmten Verfahren lösen wollen, das man als G a u ß s c h e s   E l i m i n a t i o n s v e r f a h r e n   bezeichnet.

$$(*)\quad
\begin{aligned}
1.\quad & t_1 + 4\,t_2 + t_3 - t_4 = 0 \quad\big| \cdot (-2) \\
2.\quad & 2\,t_1 + 5\,t_2 + 3\,t_3 + 2\,t_4 = 0 \\
3.\quad & t_1 + 4\,t_2 - 3\,t_3 - 2\,t_4 = 0 \\
4.\quad & 2\,t_1 + 5\,t_2 - t_3 + t_4 = 0
\end{aligned}$$

Dieses Gleichungssystem wird nun in systematischer Weise ganz bestimmten Umformungen unterworfen. Dabei müssen diese Umformungen so beschaffen sein, daß durch sie die Lösungsmenge des Systems nicht verändert wird.

Wir wählen die erste Gleichung aus, multiplizieren sie mit (-2) und addieren die so umgeformte Gleichung zur zweiten Gleichung. Auf diese Weise erhalten wir an Stelle der Gleichung 2 eine solche, in der die Variable t_1 fehlt. Die Gleichung 1 selbst behalten wir in ihrer unveränderten Form bei.

A

$$
\begin{aligned}
1'. &\quad t_1 + 4\,t_2 + t_3 - t_4 = 0 \\
2'. &\quad -3\,t_2 + t_3 + 4\,t_4 = 0 \\
3'. &\quad t_1 + 4\,t_2 - 3\,t_3 - 2\,t_4 = 0 \\
4'. &\quad 2\,t_1 + 5\,t_2 - t_3 + t_4 = 0
\end{aligned}
$$

$\cdot(-1)\quad\cdot(-2)$

In ähnlicher Art verfahren wir mit den Gleichungen 3 und 4, indem wir das (-1)-fache der Gleichung 1 zu Gleichung 3 addieren und das (-2)-fache der ersten Gleichung zu Gleichung 4. Dadurch entfällt in den umgeformten Gleichungen $3'$ und $4'$ ebenfalls die Variable t_1.

$$
\begin{aligned}
1''. &\quad t_1 + 4\,t_2 + t_3 - t_4 = 0 \\
2''. &\quad -3\,t_2 + t_3 + 4\,t_4 = 0 \\
3''. &\quad -4\,t_3 - t_4 = 0 \\
4''. &\quad -3\,t_2 - 3\,t_3 + 3\,t_4 = 0
\end{aligned}
$$

$\cdot(-1)$

Im nächsten Schritt wählen wir die Gleichung $2''$ aus. Diese multiplizieren wir mit (-1) und addieren sie zu Gleichung $4''$. Dadurch kommt in der umgeformten Gleichung $4''$ die Variable t_2 nicht mehr vor. Die Gleichung $2''$ selbst behalten wir unverändert bei.

$$
\begin{aligned}
1'''. &\quad t_1 + 4\,t_2 + t_3 - t_4 = 0 \\
2'''. &\quad -3\,t_2 + t_3 + 4\,t_4 = 0 \\
3'''. &\quad -4\,t_3 - t_4 = 0 \\
4'''. &\quad -4\,t_3 - t_4 = 0
\end{aligned}
$$

Die Gleichungen $3'''$ und $4'''$ sind gleich. Daher können wir die letztere weglassen. Es bleiben so drei Gleichungen mit vier Variablen übrig. Diese formen wir so um, daß die Variable t_4 jeweils auf der rechten Seite erscheint.

$$
\begin{aligned}
1''''. &\quad t_1 + 4\,t_2 + t_3 = t_4 \\
2''''. &\quad -3\,t_2 + t_3 = -4\,t_4 \\
3''''. &\quad -4\,t_3 = t_4
\end{aligned}
$$

Setzen wir für die Variable t_4 den Wert 4 in allen Gleichungen ein, so können wir schrittweise die Lösungen für die Variablen t_1, t_2 und t_3 bestimmen. Wir beginnen bei der Gleichung $3''''$.

$$
\begin{array}{lll}
1'''''. \quad t_4 = 4 \quad t_1 + 4\,t_2 + t_3 = 4 & \quad t_1 + 4\cdot 5 - 1 = 4 & \quad t_1 = -15 \\
2'''''. \quad -3\,t_2 + t_3 = -16 & \quad -3\,t_2 - 1 = -16 & \quad t_2 = 5 \\
3'''''. \quad -4\,t_3 = 4 & \quad t_3 = -1 &
\end{array}
$$

Somit ergibt sich als Lösung des gesamten Gleichungssystems

$$
t_1 = -15; \quad t_2 = 5; \quad t_3 = -1; \quad t_4 = 4
$$

Als Lösungsvektor x_1 geschrieben

$$x_1 = (-15, 5, -1, 4)$$

Wir überprüfen die Lösung, indem wir sie in das System (*) der ursprünglichen Gleichungen bis 4 einsetzen:

1. $\quad -15 \quad\quad + 4 \cdot 5 + (-1) - 4 \quad\quad = 0 \quad -15 + 20 - 1 - 4 = 0$
2. $\quad 2 \cdot (-15) + 5 \cdot 5 + 3 \cdot (-1) + 2 \cdot 4 = 0 \quad -30 + 25 - 3 + 8 = 0$
3. $\quad -15 \quad\quad + 4 \cdot 5 - 3 (-1) - 2 \cdot 4 = 0 \quad -15 + 20 + 4 - 8 = 0$
4. $\quad 2 \cdot (-15) + 5 \cdot 5 - (-1) + 4 \quad\quad = 0 \quad -30 + 25 + 1 + 4 = 0$

Bezogen auf die ursprüngliche Frage können wir schon jetzt feststellen, daß die Vektoren a_1, a_2, a_3, a_4 nicht linear unabhängig sind, da wir z. B. für $t_1 = -15$, $t_2 = 5$, $t_3 = -1$, $t_4 = 4$ eine nicht-triviale Lösung erhalten.

Wir gewinnen auf die gleiche Weise eine andere Lösung für das Gleichungssystem, wenn wir für t_4 die Zahl 12 einsetzen

$$t_3 = -3; \quad t_2 = 15; \quad t_1 = -45 \quad\quad \text{oder} \quad\quad x_2 = (-45, 15, -3, 12)$$

Durch Überprüfung stellt man leicht fest, daß jedes Vielfache des Lösungsvektors x_1 auch Lösung ist, z. B. $-\dfrac{1}{5} x_1 = \left(3, -1, \dfrac{1}{5}, -\dfrac{4}{5}\right)$. Jedes Vielfache des Vektors x_2 ist ebenfalls Lösung des Gleichungssystems, z. B.

$$\frac{1}{2} x_2 = \left(-\frac{45}{2}, \frac{15}{2}, -\frac{3}{2}, 6\right).$$

Weiterhin gilt, daß die Summe $-\dfrac{1}{5} x_1 + \dfrac{1}{2} x_2$ eine Lösung ist. Dies prüfen wir durch Einsetzen nach.

$$-\frac{1}{5} x_1 + \frac{1}{2} x_2 = \left(3, -1, \frac{1}{5}, -\frac{4}{5}\right) + \left(-\frac{45}{2}, \frac{15}{2}, -\frac{3}{2}, 6\right)$$

$$= \left(-\frac{39}{2}, \frac{13}{2}, -\frac{13}{10}, \frac{26}{5}\right)$$

1. $\quad -\dfrac{39}{2} + 4 \cdot \dfrac{13}{2} - \dfrac{13}{10} - \dfrac{26}{5} = 0 \quad -\dfrac{195}{10} + 26 - \dfrac{13}{10} - \dfrac{52}{10} = 0$

2. $\quad 2 \cdot \left(-\dfrac{39}{2}\right) + 5 \cdot \dfrac{13}{2} - 3 \cdot \dfrac{13}{10} + 2 \cdot \dfrac{26}{5} = 0 \quad -39 + \dfrac{325}{10} - \dfrac{39}{10} + \dfrac{104}{10} = 0$

3. $\quad -\dfrac{39}{2} + 4 \cdot \dfrac{13}{2} + 3 \cdot \dfrac{13}{10} - 2 \cdot \dfrac{26}{5} = 0 \quad -\dfrac{195}{10} + 26 + \dfrac{39}{10} - \dfrac{104}{10} = 0$

4. $\quad 2 \cdot \left(-\dfrac{39}{2}\right) + 5 \cdot \dfrac{13}{2} + \dfrac{13}{10} + \dfrac{26}{5} = 0 \quad -39 + \dfrac{325}{10} + \dfrac{13}{10} + \dfrac{52}{10} = 0$

Wir können jetzt vermuten, daß jedes Vielfache eines Lösungsvektors wieder eine Lösung und daß mit zwei Lösungen auch deren Summe ein Lösungsvektor ist. Sollte das der Fall

A   sein, dann hätte die Lösungsmenge des vorgegebenen Gleichungssystems die Struktur eines Vektorraums.

Um die allgemeine Form der Lösung des ursprünglichen Systems (*) zu erhalten, betrachten wir noch einmal die umgeformten Gleichungen $1''''$ bis $3''''$. Hierin hatten wir einmal für die Variable t_4 die Zahl 4 und danach die Zahl 12 eingesetzt. Wie man an den Gleichungen $1''''$, $2''''$ und $3''''$ sieht, können wir über die Variable t_4 frei verfügen, d. h. für t_4 jede reelle Zahl einsetzen. Dies deuten wir dadurch an, daß wir t_4 durch die Variable u ersetzen, wobei u jede reelle Zahl annehmen kann. Wir erhalten so

$$1''''. \quad t_1 + 4\,t_2 + t_3 = u \qquad\qquad t_1 + 4 \cdot \frac{5}{4}\,u - \frac{1}{4}\,u = u \qquad\qquad t_1 = -\frac{15}{4}\,u$$

$$2''''. \quad\quad -3\,t_2 + t_3 = -4\,u \qquad\qquad -3\,t_2 - \frac{1}{4}\,u = -4\,u \qquad\qquad t_2 = \frac{5}{4}\,u$$

$$3''''. \quad\quad -4\,t_3 = u \qquad\qquad t_3 \qquad\qquad = -\frac{1}{4}\,u$$

Wenn wir uns für u jedesmal eine reelle Zahl eingesetzt denken, dann haben alle Lösungen des Gleichungssystems 1 bis 4 die folgende Gestalt

$$\left(-\frac{15}{4}\,u,\ \frac{5}{4}\,u,\ -\frac{1}{4}\,u,\ u\right)$$

Wählen wir für die Variable u eine beliebige, jedoch feste Zahl $u = u_1$, so erhalten wir den folgenden Lösungsvektor:

$$x_1 = \left(-\frac{15}{4}\,u_1,\ \frac{5}{4}\,u_1,\ -\frac{1}{4}\,u_1,\ u_1\right)$$

Für $u = u_2$: $\quad x_2 = \left(-\frac{15}{4}\,u_2,\ \frac{5}{4}\,u_2,\ -\frac{1}{4}\,u_2,\ u_2\right) \quad , u_1 \neq u_2.$

Der Vektor rx_1 ist auch eine Lösung:

$$rx_1 = \left(-\frac{15}{4}\,ru_1,\ \frac{5}{4}\,ru_1,\ -\frac{1}{4}\,ru_1,\ ru_1\right)$$

$$= \left(-\frac{15}{4}\,u_3,\ \frac{5}{4}\,u_3,\ -\frac{1}{4}\,u_3,\ u_3\right)$$

Ebenso ist der Summenvektor $rx_1 + sx_2$ eine Lösung des gegebenen Gleichungssystems, da seine Komponenten die geforderten Vielfachen einer reellen Zahl sind.

$$rx_1 + sx_2 = \left(-\frac{15}{4}\,ru_1,\ \frac{5}{4}\,ru_1,\ -\frac{1}{4}\,ru_1,\ ru_1\right) + \left(-\frac{15}{4}\,su_2,\ \frac{5}{4}\,su_2,\ -\frac{1}{4}\,su_2,\ su_2\right)$$

$$= \left(-\frac{15}{4}\,(ru_1 + su_2),\ \frac{5}{4}\,(ru_1 + su_2),\ -\frac{1}{4}\,(ru_1 + su_2),\ (ru_1 + su_2)\right)$$

$$= \left(-\frac{15}{4}\,u_4,\ \frac{5}{4}\,u_4,\ -\frac{1}{4}\,u_4,\ u_4\right), \quad\quad \text{mit } (ru_1 + su_2) \in \mathbf{R}.$$

Zusammenfassung der Ergebnisse. 1. Jede Lösung des Gleichungssystems (*) mit vier Variablen kann als Viertupel $x = (x_1, x_2, x_3, x_4)$ geschrieben werden, nämlich als Element des arithmetischen Vektorraums $\mathbf{R}^4$.

2. Mit jeder Lösung $x = (x_1, x_2, x_3, x_4)$ ist auch das Vielfache $rx = (rx_1, rx_2, rx_3, rx_4)$, $r \in \mathbf{R}$, eine Lösung des Gleichungssystems (*).

3. Sind die Vektoren rx_1 und sx_2 Lösungen von (*), so gehört auch der Summenvektor $rx_1 + sx_2$ zur Lösungsmenge.

4. Die Lösungsmenge ist nicht leer, da mindestens der Nullvektor $o = (0, 0, 0, 0)$ eine Lösung von (*) ist.

Damit bildet nach Satz 1.1 die Lösungsmenge des linearen Gleichungssystems (*) einen Vektorraum, und zwar einen Untervektorraum des arithmetischen Vektorraums $\mathbf{R}^4$. Offenbar besitzt die Lösungsmenge von (*) als Untervektorraum von $\mathbf{R}^4$ die Dimension 1, da sich alle Vektoren daraus als Vielfaches eines Vektors der Form

$$\left(-\frac{15}{4}u_1, \frac{5}{4}u_1, -\frac{1}{4}u_1, u_1\right) \qquad \text{bzw.} \qquad (-15\,u_2, 5\,u_2, -u_2, 4\,u_2)$$

darstellen lassen, wobei u_1 bzw. u_2 beliebige, aber feste reelle Zahlen sind.

Im nächsten Abschnitt müßte untersucht werden, ob folgender Zusammenhang zufällig ist oder allgemein gilt: Das Gleichungssystem (*) enthält 4 Variable. Von den vorgegebenen 4 Gleichungen war eine überflüssig, wie sich bei der Umformung gezeigt hat. Gilt nun auch für andere Fälle, daß die Zahl der Variablen minus der Zahl der unabhängigen Gleichungen die Dimension der Lösungsmenge bestimmt, in unserem Fall $4 - 3 = 1$?

Einige Ergebnisse aus der Zusammenfassung sollen an einem anderen Gleichungssystem (**) durch Beispiele bestätigt werden.

$$(\ast\ast) \qquad \begin{aligned} 1. &\quad 2\,t_1 + 6\,t_2 + t_3 - 3\,t_4 = 0 \\ 2. &\quad t_1 + 5\,t_2 - 2\,t_3 - t_4 = 0 \end{aligned}$$

Der Einfachheit halber geben wir zwei Vektoren aus der Lösungsmenge von (**) an:

$$x_1 = (-2, 1, 1, 1) \qquad x_2 = (-19, 6, 5, 1)$$

Aufgabe a) Bestätigen Sie durch Einsetzen von x_1 und x_2 in das Gleichungssystem (**), daß beide Vektoren zur Lösungsmenge gehören.
b) Zeigen Sie durch Umformung von (**) nach dem Gaußschen Eliminationsverfahren, daß die Vektoren x_1 und x_2 Lösungen sind, indem Sie für t_3 und t_4 die angegebenen Zahlen eintragen.

Man kann leicht nachprüfen, daß der Vektor $(-3)\,x_1$ ebenfalls eine Lösung von (**) ist. Wir wollen nun durch Einsetzen überprüfen, ob der folgende Summenvektor auch eine Lösung des Gleichungssystems (**) ist.

$$(-3)\,x_1 + 2\,x_2 = (-3) \cdot (-2, 1, 1, 1) + 2 \cdot (-19, 6, 5, 1)$$

$$(-3)\,x_1 + 2\,x_2 = (6, -3, -3, -3) + (-38, 12, 10, 2) = (-32, 9, 7, -1)$$

$$\begin{aligned} 1. &\quad 2 \cdot (-32) + 6 \cdot 9 + 7 - 3 \cdot (-1) = 0 \qquad & -64 + 54 + 7 + 3 = 0 \\ 2. &\quad -32 + 5 \cdot 9 - 2 \cdot 7 - (-1) = 0 \qquad & -32 + 45 - 14 + 1 = 0 \end{aligned}$$

A Die beiden Vektoren x_1 und x_2 sind linear unabhängig voneinander, da sich keiner der beiden Vektoren als Vielfaches des anderen Vektors erzeugen läßt. Die Lösungsmenge von (∗∗) bildet daher offenbar einen Unterraum von $\mathbf{R}^4$ mit der Dimension 2. Da wir zwei voneinander unabhängige Gleichungen mit vier Variablen vorliegen haben, scheint die Differenz $4 - 2 = 2$ die Dimension des Lösungsvektorraums von (∗∗) zu bestimmen.

B ## 2.2 Lineare Gleichungssysteme

Für die Behandlung linearer Gleichungssysteme haben wir einen eigenen Abschnitt vorgesehen. Das geschieht deshalb, weil die Lösungsmenge eines homogenen linearen Gleichungssystems die Struktur eines Vektorraums besitzt. Wir gewinnen so ein weiteres bedeutsames Modell für einen Vektorraum und erreichen außerdem, daß der behandelte Stoff durch die Berücksichtigung struktureller Gesichtspunkte transparenter und leichter verständlich wird. Dieser Abschnitt ist wie folgt gegliedert.

1. Zusammenstellung der wichtigsten Begriffe wie lineares Gleichungssystem, Lösungsmenge eines solchen Systems, elementare Umformungen eines linearen Gleichungssystems, lineare Abhängigkeit von Gleichungen.
Hierin werden als Grundkenntnisse alle Begriffe vorausgesetzt, die mit Gleichungen und deren Lösungen zusammenhängen, wie z. B. Aussageform, Aussage, Term, Lösungsmenge.

2. Wir fragen nach der Struktur eines homogenen linearen Gleichungssystems. Daran schließen sich einfache Sätze über den Zusammenhang zwischen den Lösugungen eines inhomogenen und des zugehörigen homogenen Gleichungssystems an.

3. Danach wenden wir uns der mehr praktischen Frage zu, nach welchem Verfahren man lineare Gleichungssysteme möglichst einfach bestimmen kann. Hier wird das Gaußsche Eliminationsverfahren behandelt.

4. Das Gaußsche Verfahren liefert bei der Anwendung auf allgemeine homogene lineare Gleichungssysteme die Möglichkeit, auf einfache Weise den Zusammenhang zwischen dem Rang eines homogenen linearen Gleichungssystems und dem Rang der zugehörigen Lösungsmenge anzugeben.

2.2.1 Zum Begriff linearer Gleichungssysteme

Definition 2.1 Ein System von m Gleichungen mit n Variablen heißt l i n e a r e s G l e i c h u n g s s y s t e m, wenn es die folgende Form besitzt:

$$a_{11}x_1 + a_{12}x_2 + \ldots + a_{1n}x_n = d_1$$
$$a_{21}x_1 + a_{22}x_2 + \ldots + a_{2n}x_n = d_2$$
$$\vdots \qquad\qquad \vdots$$
$$a_{m1}x_1 + a_{m2}x_2 + \ldots + a_{mn}x_n = d_m$$

mit $a_{ik} \in \mathbf{R}, d_i \in \mathbf{R}$ (i = 1, 2, \ldots, m; k = 1, 2, \ldots, n)

Die a_{ik} werden als Koeffizienten und die d_i als absolute Glieder des Gleichungssystems **B**
bezeichnet.

Ist mindestens eines der konstanten Glieder $d_i \neq 0$, so liegt ein i n h o m o g e n e s
l i n e a r e s G l e i c h u n g s s y s t e m vor. Sind dagegen alle absoluten Glieder gleich
0, so heißt das Gleichungssystem h o m o g e n.

Ein System von m linearen Gleichungen mit n Variablen wird kurz auch als (m, n)-
S y s t e m bezeichnet.

B e i s p i e l e

(2, 3)-System	(3, 3)-System
$4\,x_1 + 3\,x_2 + 2\,x_3 = 17$	$2\,x_1 + 3\,x_2 + x_3 = -5$
$2\,x_1 + 4\,x_2 + 5\,x_3 = 4$	$3\,x_1 + 4\,x_2 + 2\,x_3 = -1$
	$6\,x_1 + 2\,x_2 + 3\,x_3 = 20$

Bei einem linearen Gleichungssystem interessieren nun vor allem die Lösungen des
Systems. Die Lösungsmenge L eines linearen Gleichungssystems läßt sich leicht aus der
Lösungsmenge einer linearen Gleichung herleiten.

Betrachten wir z. B. die erste Gleichung des (2,3)-Systems: $4\,x_1 + 3\,x_2 + 2\,x_3 = 17$.
Setzt man in diese Gleichung für die x_i die Werte $x_1 = 2$, $x_2 = 1$, $x_3 = 3$ bzw. das Tripel
$(2, 1, 3)$ ein, so geht diese Gleichung als Aussageform in eine wahre Aussage über. Alle
Tripel, die für die x_i eingesetzt eine falsche Aussage ergeben, sind keine Lösungen der
Gleichung.

Liegt allgemein eine Gleichung in n Variablen vor, $a_1 x_1 + a_2 x_2 + \ldots + a_n x_n = k$, so
stellen die Lösungen n-Tupel der Form $(b_1, b_2, \ldots, b_n)$ dar, sind also Elemente des
arithmetischen Vektorraums $\mathbf{R}^n$. Liegt mehr als eine Gleichung in n Variablen vor, so
besteht die Lösungsmenge des Systems aus dem Durchschnitt der Lösungsmengen jeder
einzelnen Gleichung.

Definition 2.2 Die L ö s u n g s m e n g e L eines (m, n)-Systems linearer Gleichungen
besteht aus der Menge aller geordneten n-Tupel $(b_1, b_2, \ldots, b_n) \in \mathbf{R}^n$, die gemeinsame
Lösungen aller m Gleichungen sind, also zu dem Durchschnitt der Lösungsmengen jeder
einzelnen der m Gleichungen gehören.

Die Anzahl der Elemente der Lösungsmenge L eines (m,n)-Systems unterliegt gewissen
Einschränkungen. Insgesamt können nur drei Fälle eintreten.

a) Die Lösungsmenge L ist leer.

b) Die Lösungsmenge L enthält genau ein Element, also ein n-Tupel.

c) Die Lösungsmenge enthält unendlich viele Elemente.

Die Begründung für diese Behauptung kann erst später erfolgen. Wir wollen jedoch für
jeden der drei Fälle ein konkretes Beispiel anführen.

B e i s p i e l zu a). Gegeben sei das folgende (2,2)-System:

$$2\,x_1 + 4\,x_2 = 8 \qquad x_1 + 2\,x_2 = 4$$
$$6\,x_1 + 12\,x_2 = 30 \qquad x_1 + 2\,x_2 = 5$$

B Dividieren wir die erste Gleichung durch 2 und die zweite durch 6, so erhalten wir das rechts stehende äquivalente System. Dieses ist jedoch nicht lösbar, da die Zahl $(x_1 + 2\,x_2)$ nicht gleichzeitig 4 und 5 sein kann, wie wir auch reelle Zahlen für x_1 und x_2 wählen: $L = \emptyset$.

B e i s p i e l zu b). Gegeben sei das weiter oben als Beispiel angegebene (3,3)-System. Dieses hat, wie man überprüfen kann, nur die Lösung $x_1 = 1$, $x_2 = -5$, $x_3 = 8$. Die Lösungsmenge L besteht nur aus dem Tripel $(1, -5, 8)$, d. h. $L = \{(1, -5, 8)\}$.

B e i s p i e l zu c). Gegeben sei das obige Beispiel für ein (2,3)-System.

$$
\begin{aligned}
&1. \quad 4\,x_1 + 3\,x_2 + 2\,x_3 = 17 \\
&2. \quad 2\,x_1 + 4\,x_2 + 5\,x_3 = 4
\end{aligned}
$$

$$
\begin{aligned}
1'. \quad & & -5\,x_2 - 8\,x_3 & = 9 \\
2'. \quad & 2\,x_1 + 4\,x_2 + 5\,x_3 & & = 4 \\[4pt]
1''. \quad & & x_2 & = -\frac{9}{5} - \frac{8}{5}\,x_3 \\[6pt]
2''. \quad & 2\,x_1 + 4\,x_2 & & = 4 - 5\,x_3 \\
2'''. \quad & 2\,x_1 + 4 \cdot \left(-\frac{9}{5} - \frac{8}{5}\,x_3\right) & & = 4 - 5\,x_3 \\
2''''. \quad & x_1 & & = \frac{28}{5} + \frac{7}{10}\,x_3
\end{aligned}
$$

Jedes Lösungstripel ist von der Form

$$
\left(\frac{28}{5} + \frac{7}{10}\,r,\; -\frac{9}{5} - \frac{8}{5}\,r,\; r\right),
$$

wobei für r jede reelle Zahl eingesetzt werden kann. So ergeben sich z. B. für $r = 1$ und $r = 2$ folgende zwei Lösungen:

$$
\left(\frac{63}{10}, -\frac{17}{5}, 1\right); \quad (7, -5, 2).
$$

Die Lösungsmenge des (2,3)-Systems besteht aus unendlich vielen Elementen.

$$
L = \left\{ (b_1, b_2, b_3) \mid b_1 = \frac{28}{5} + \frac{7}{10}\,r,\; b_2 = -\frac{9}{5} - \frac{8}{5}\,r,\; b_3 = r \text{ und } r \in \mathbf{R} \right\}
$$

Wir haben schon in Abschn. 2.1 gesehen, daß das Verfahren bei der Suche nach den Lösungen eines linearen Gleichungssystems darin besteht, daß wir die einzelnen Gleichungen so lange umformen, bis wir die Lösungen leicht ablesen oder bestimmen können. Diese Umformungen müssen so beschaffen sein, daß die Lösungsmenge nicht verändert wird. Ist das der Fall, so bezeichnet man die umgeformten Gleichungssysteme auch als äquivalent.

Definition 2.3 Zwei lineare Gleichungssysteme heißen ä q u i v a l e n t, wenn sie die gleiche Lösungsmenge besitzen.

Bei den Umformungen, die wir zur Bestimmung der Lösungsmenge eines linearen Gleichungssystems brauchen, genügen insgesamt drei, die man auch als elementare Umformungen bezeichnet. Diese werden durch die folgende Definition festgelegt.

Definition 2.4 Die Ersetzung eines linearen Gleichungssystems durch ein anderes, das sich vom ersten nur durch eine der folgenden Umformungen unterscheidet, heißt e l e m e n t a r e   U m f o r m u n g.

a) Zwei Gleichungen des Systems werden vertauscht.
b) Eine Gleichung des Systems wird mit einer reellen Zahl $r \neq 0$ multipliziert.
c) Zu einer Gleichung des linearen Gleichungssystems wird das r-fache einer anderen Gleichung des Systems addiert.

Satz 2.1 Zwei lineare Gleichungssysteme, die sich nur durch elementare Umformungen unterscheiden, sind äquivalent zueinander, d. h., sie haben die gleiche Lösungsmenge.

B e w e i s. 1. Werden zwei Gleichungen des Systems miteinander vertauscht, so ist unmittelbar einleuchtend, daß sich die Lösungsmenge des Systems nicht verändert, weil der Durchschnitt der Lösungsmengen jeder einzelnen Gleichung von der Reihenfolge unabhängig ist.

2. Wir greifen die i-te Gleichung des Systems heraus und nehmen an, daß $(b_1, b_2, \ldots, b_n)$ ein Element ihrer Lösungsmenge ist. Dann multiplizieren wir die Gleichung mit einer beliebigen reellen Zahl $r \neq 0$.

$$
\begin{aligned}
a_{i1}\, x_1 + a_{i2}\, x_2 + \ldots + a_{in}\, x_n &= d_i \\
a_{i1}\, b_1 + a_{i2}\, b_2 + \ldots + a_{in}\, b_n &= d_i \quad | \cdot r \neq 0 \\
(ra_{i1})\, b_1 + (ra_{i2})\, b_2 + \ldots + (ra_{in})\, b_n &= rd_i
\end{aligned}
$$

Aus der letzten Gleichung ersehen wir, daß das geordnete n-Tupel aus der Lösungsmenge der i-ten Gleichung auch die mit r multiplizierte i-te Gleichung erfüllt, also Lösung der Gleichung $(ra_{i1})\, x_1 + (ra_{i2})\, x_2 + \ldots + (ra_{in})\, x_n = r \cdot d_i$ ist.
Ist nun umgekehrt das n-Tupel $(c_1, c_2, \ldots, c_n)$ eine Lösung der letzten Gleichung, so ist es auch Lösung der nicht veränderten i-ten Gleichung.

$$
\begin{aligned}
(ra_{i1})\, c_1 + (ra_{i2})\, c_2 + \ldots + (ra_{in})\, c_n &= rd_i \quad | : r \neq 0 \\
a_{i1}\, c_1 + a_{i2}\, c_2 + \ldots + a_{in}\, c_n &= d_i
\end{aligned}
$$

Damit gehört $(c_1, c_2, \ldots, c_n)$ zur Lösungsmenge der i-ten Gleichung
$a_{i1}\, x_1 + a_{i2}\, x_2 + \ldots + a_{in}\, x_n = d_i$.

3. Die i-te Gleichung greifen wir heraus, und es sei $(b_1, b_2, \ldots, b_n)$ ein Element der Lösungsmenge des gesamten Systems. Dann zeigen wir, daß dieses n-Tupel auch Lösung der Gleichung ist, die entstanden ist durch Addition des r-fachen der ℓ-ten Gleichung zur i-ten Gleichung. Es gilt unter diesen Voraussetzungen:

$$
\begin{aligned}
a_{i1}\, b_1 + a_{i2}\, b_2 + \ldots + a_{in}\, b_n &= d_i \\
a_{\ell 1}\, b_1 + a_{\ell 2}\, b_2 + \ldots + a_{\ell n}\, b_n &= d_\ell \quad | \cdot r \neq 0 \\
ra_{\ell 1}\, b_1 + ra_{\ell 2}\, b_2 + \ldots + ra_{\ell n}\, b_n &= r \cdot d_\ell \\
\hline
(a_{i1} + ra_{\ell 1})\, b_1 + (a_{i2} + ra_{\ell 2})\, b_2 + \ldots + (a_{in} + ra_{\ell n})\, b_n &= d_i + r \cdot d_\ell
\end{aligned}
$$

B Die letzte Zeile zeigt, daß das n-Tupel $(b_1, b_2, \ldots, b_n)$ auch Lösung derjenigen Gleichung ist, die entstanden ist als Summe aus der i-ten Gleichung und dem r-fachen der ℓ-ten Gleichung, nämlich

$$(a_{i1} + ra_{\varrho 1})\, x_1 + (a_{i2} + ra_{\varrho 2})\, x_2 + \ldots + (a_{in} + ra_{\varrho n})\, x_n = d_i + rd_\varrho$$

Ist umgekehrt das n-Tupel $(c_1, c_2, \ldots, c_n)$ eine Lösung des durch die letzte Gleichung veränderten Gleichungssystems, so kann man durch Subtraktion der Gleichung $ra_{\varrho 1} c_1 + ra_{\varrho 2} c_2 + \ldots + ra_{\varrho n} c_n = r \cdot d_\varrho$ zeigen, daß $(c_1, c_2, \ldots, c_n)$ auch Lösung des ursprünglichen Systems ist. ∎

Elementare Umformungen haben wir bisher schon immer intuitiv bei der Lösung von Gleichungen benutzt, zuletzt bei der Lösung des vorgegebenen (2,3)-Systems.

$$\begin{array}{ll}
1.\ 4\,x_1 + 3\,x_2 + 2\,x_3 = 17 & \qquad 1'.\quad -5\,x_2 - 8\,x_3 = 9 \\
2.\ 3\,x_1 + 4\,x_2 + 5\,x_3 = 4 \ \bigg|\cdot(-2) & \qquad 2'.\ 2\,x_1 + 4\,x_2 + 5\,x_3 = 4
\end{array}$$

Hier haben wir die elementare Umformung c) benutzt, indem wir die mit (-2) multiplizierte Gleichung 2 zur Gleichung 1 addierten und so die Gleichung $1'$ erhielten. Daher sind die Gleichungssysteme $(1, 2)$ und $(1', 2')$ zueinander äquivalent, d. h., sie haben die gleichen Lösungsmengen. Dies läßt sich z. B. mit den Lösungen $\left(\dfrac{63}{10}, -\dfrac{17}{5}, 1\right)$ und $(7, -5, 2)$ überprüfen.

In Abschn. 2.1 haben wir nach dem Eliminationsverfahren das (4,4)-Gleichungssystem $(*)$ durch elementare Umformungen in ein äquivalentes (3,4)-System umgewandelt. Das konnten wir deshalb, weil sich die Gleichungen $3'''$ und $4'''$ als identisch herausstellten.

$$\begin{array}{ll}
1.\quad t_1 + 4\,t_2 + \quad t_3 - \quad t_4 = 0 & \quad 1'''.\ t_1 + 4\,t_2 + \quad t_3 - \quad t_4 = 0 \\
2.\ 2\,t_1 + 5\,t_2 + 3\,t_3 + 2\,t_4 = 0 & \quad 2'''.\quad -3\,t_2 + \quad t_3 + 4\,t_4 = 0 \\
3.\quad t_1 + 4\,t_2 - 3\,t_3 - 2\,t_4 = 0 & \quad 3'''.\qquad\quad -4\,t_3 - \quad t_4 = 0 \\
4.\ 2\,t_1 + 5\,t_2 - \quad t_3 + \quad t_4 = 0 & \quad 4'''.\qquad\quad -4\,t_3 - \quad t_4 = 0
\end{array}$$

Durch die vorgenommenen elementaren Umformungen hat sich also eine Gleichung als überflüssig erwiesen. So können wir z. B. auf die Gleichung $4'''$ verzichten, weil sich G_4 aus den Gleichungen 1 bis 3 folgendermaßen linear erzeugen läßt $G_4 = -G_1 + G_2 + G_3$.

Diese Behauptung läßt sich durch Einsetzen leicht nachprüfen. Es kommt also bei einem Verfahren zur Bestimmung der Lösungen eines linearen Gleichungssystems u. a. darauf an, solche Gleichungen, die sich aus den anderen vorgegebenen Gleichungen linear kombinieren lassen und damit von diesen abhängig sind, herauszufinden und dann auszuschließen, weil sie zur Bestimmung der Lösungsmenge nichts beitragen.

Nach der Behandlung dieses Beispiels wollen wir allgemein festlegen, wann die lineare Abhängigkeit einer Gleichung von gegebenen Gleichungen vorliegt.

Definition 2.5 Eine lineare Gleichung G heißt l i n e a r   a b h ä n g i g von den k Gleichungen $G_1, G_2, \ldots, G_k$, wenn es k reelle Zahlen r_i gibt, von der mindestens eine von Null verschieden ist, so daß gilt:

$$G = r_1 G_1 + r_2 G_2 + \ldots + r_k G_k$$

Wendet man diese Definition auf die Gleichungen eines (m,n)-Systems an, so bedeutet
hier lineare Abhängigkeit, daß sich z. B. bei geeigneter Numerierung die m-te Gleichung
linear aus den übrigen m-1 Gleichungen erzeugen läßt.

$$G_m = r_1\,G_1 + r_2\,G_2 + \ldots + r_{m-1}\,G_{m-1} \qquad\qquad |+(-1)\,G_m$$
$$0\ \ = r_1\,G_1 + r_2\,G_2 + \ldots + r_{m-1}\,G_{m-1} + (-1)\,G_m \qquad (r_m = -1)$$

Die zweite Gleichung drückt aus, daß die lineare Abhängigkeit einer Gleichung gleichbedeutend ist mit der nicht-trivialen Lösung von

$$0 = r_1\,G_1 + r_2\,G_2 + \ldots + r_{m-1}\,G_{m-1} + r_m\,G_m\,.$$

Ist dagegen keine Gleichung eines (m,n)-Systems linear abhängig von den übrigen, so
sind die m Gleichungen linear unabhängig. Das bedeutet wiederum, daß die letzte
Gleichung nur trivial lösbar ist, also gilt $r_1 = r_2 = \ldots = r_m = 0$.

2.2.2 Lösungsmenge eines homogenen linearen Gleichungssystems

In Abschn. 2.1 haben wir bei der Untersuchung des vorgegebenen homogenen (4,4)-
Systems, später stellte sich dieses nach Ausschaltung einer abhängigen Gleichung als
ein (3,4)-System heraus, festgestellt, daß die Lösungsmenge die Struktur eines Vektorraums besitzt. Dies soll jetzt allgemein bewiesen werden.

Satz 2.2 Die Lösungsmenge L eines homogenen linearen (m,n)-Gleichungssystems
bildet einen Vektorraum, und zwar einen Unterraum des arithmetischen Vektorraums
$\mathbf{R^n}$.

B e w e i s. Das homogene (m,n)-System schreiben wir in der Form

$$
\begin{array}{lll}
G_1 & a_{11}x_1 + a_{12}x_2 + \ldots + a_{1n}x_n & = 0 \\
G_2 & a_{21}x_1 + a_{22}x_2 + \ldots + a_{2n}x_n & = 0 \\
\ \ \vdots & \qquad\vdots \qquad\qquad\quad \vdots \qquad\ \ \vdots & \\
G_m & a_{m1}x_1 + a_{m2}x_2 + \ldots + a_{mn}x_n & = 0
\end{array}
$$

Die Lösungsmenge L ist nicht-leer, da mindestens die triviale Lösung $x_1 = x_2 = \ldots =$
$x_n = 0$ zu L gehört, d. h. $(0, 0, \ldots, 0) \in L$.

Existieren weitere Lösungen, so bilden diese geordnete n-Tupel, sind also Elemente des
arithmetischen Vektorraums $\mathbf{R^n}$. Da es sich bei Operationen in L um die gleichen Verknüpfungen wie in $\mathbf{R^n}$ handelt, nämlich Addition und Vervielfachung von n-Tupeln,
können wir zum Nachweis des Vektorraums auf das Unterraumkriterium (Satz 1.1)
zurückgreifen.

a) Sind $\mathbf{b} = (b_1, b_2, \ldots, b_n)$ und $\mathbf{c} = (c_1, c_2, \ldots, c_n)$ zwei beliebige Lösungsvektoren
des (m,n)-Systems, also $\mathbf{b}, \mathbf{c} \in L$, dann gehört auch der Summenvektor $\mathbf{b} + \mathbf{c}$ zur Lösungsmenge L.

B Wir greifen die k-te Gleichung G_k des (m,n)-Systems heraus. Da **b** und **c** Lösungsvektoren des Systems sind, gilt für G_k

$$G_k \qquad a_{k1}\,x_1 + a_{k2}\,x_2 + \ldots + a_{kn}\,x_n = 0$$

$$a_{k1}\,b_1 + a_{k2}\,b_2 + \ldots + a_{kn}\,b_n = 0 \quad \Big|\; +$$

$$a_{k1}\,c_1 + a_{k2}\,c_2 + \ldots + a_{kn}\,c_n = 0$$

Durch Addition der beiden letzten Gleichungen und nach entsprechender Umformung erhalten wir:

$$(a_{k1}\,b_1 + a_{k2}\,b_2 + \ldots + a_{kn}\,b_n) + (a_{k1}\,c_1 + a_{k2}\,c_2 + \ldots + a_{kn}\,c_n) = 0$$

$$a_{k1}\,(b_1 + c_1) + a_{k2}\,(b_2 + c_2) + \ldots + a_{kn}\,(b_n + c_n) = 0$$

Die letzte Gleichung zeigt, daß der Summenvektor **b** + **c** ebenfalls Lösung der Gleichung G_k ist. Da dies jedoch unabhängig von G_k für jede Gleichung des Systems gilt, ist der Vektor **b** + **c** auch Element der Lösungsmenge L.

b) Ist $r \neq 0$ eine beliebige reelle Zahl und **b** ein Element von L, so gehört der Vektor r**b** ebenfalls zur Lösungsmenge L. Wir wählen wieder die Gleichung G_k des Systems.

$$G_k \qquad a_{k1}\,x_1 + a_{k2}\,x_2 + \ldots + a_{kn}\,x_n = 0$$

$$a_{k1}\,b_1 + a_{k2}\,b_2 + \ldots + a_{kn}\,b_n = 0 \quad |\cdot r \neq 0$$

Die letzte Gleichung multiplizieren wir mit r und multiplizieren danach die Klammer aus.

$$a_{k1}\,(rb_1) + a_{k2}\,(rb_2) + \ldots + a_{kn}\,(rb_n) = 0$$

Damit ist der Vektor r**b** ebenfalls eine Lösung der Gleichung G_k. Dies gilt für jede Gleichung des Systems, also ist der Vektor r**b** auch Element der Lösungsmenge L.   ∎

Die Lösungsmenge L eines homogenen (m,n)-Systems bildet also einen Unterraum des arithmetischen Vektorraums $\mathbf{R}^n$, dessen Dimension gleich n ist, d. h., daß die zugehörige Basis aus n linear unabhängigen Vektoren besteht. Für die Basis von L gilt dann, daß ihre Dimension r kleiner oder gleich n ist, d. h. $r \leqslant n$. Dabei besagt r = n, daß jedes n-Tupel Lösung ist, und das ist nur möglich, wenn alle Koeffizienten verschwinden. r = 0 sagt aus, daß nur der Nullvektor Lösung ist.

Für ein inhomogenes lineares Gleichungssystem gilt dagegen n i c h t, daß ihre Lösungsmenge einen Vektorraum bildet.

$$G_1 \qquad a_{11}\,x_1 + a_{12}\,x_2 + \ldots + a_{1n}\,x_n = d_1$$

$$G_2 \qquad a_{21}\,x_1 + a_{22}\,x_2 + \ldots + a_{2n}\,x_n = d_2$$

$$\vdots \qquad\qquad \vdots \qquad\qquad\qquad \vdots \qquad\qquad \vdots$$

$$G_m \qquad a_{m1}\,x_1 + a_{m2}\,x_2 + \ldots + a_{mn}\,x_n = d_m$$

Mindestens eine der Konstanten des inhomogenen Systems muß von Null verschieden sein. Wir nehmen an, daß $d_1 \neq 0$ ist, was eventuell durch Umnumerierung erreicht werden kann. Der Nullvektor o = (0, 0, . . . , 0) ist dann keine Lösung von G_1, da beim Einsetzen von $\mathbf{o}$ die linke Seite gleich 0 wird, die rechte Seite dagegen $d_1 \neq 0$ bleibt. Sind $\mathbf{b}$ und $\mathbf{c}$ Lösungsvektoren von G_1, so ist der Summenvektor $\mathbf{b} + \mathbf{c}$ keine Lösung von G_1, sondern lediglich Lösung der Gleichung

$$a_{11} x_1 + a_{12} x_2 + \ldots + a_{1n} x_n = 2 \, d_1$$

Es lassen sich jedoch Zusammenhänge zwischen der Lösungsmenge eines inhomogenen Systems und derjenigen des zugehörigen homogenen Systems aufzeigen. Aus einem inhomogenen (m,n)-System entsteht das zugehörige homogene Gleichungssystem, indem man die m Konstanten d_k gleich Null setzt. Die nachfolgenden Sätze wollen wir an einigen Beispielen zuerst vorbereiten.

Wir wählen das inhomogene (2,3)-System aus Abschn. 2.2.1 und das zugehörige homogene System.

$$G_1 \quad 4\,x_1 + 3\,x_2 + 2\,x_3 = 17 \qquad 4\,x_1 + 3\,x_2 + 2\,x_3 = 0$$

$$G_2 \quad 2\,x_1 + 4\,x_2 + 5\,x_3 = 4 \qquad 2\,x_1 + 4\,x_2 + 5\,x_3 = 0$$

Dieses System hat u. a. die schon früher angegebene Lösung $\mathbf{b} = (7, -5, 2)$, aber auch die Lösung $\mathbf{c} = (14, -21, 12)$. Weder der Summenvektor $\mathbf{b} + \mathbf{c}$ noch der Differenzvektor sind Lösungen des inhomogenen Systems. Dagegen ist der Differenzvektor $\mathbf{b} - \mathbf{c} = (7, -5, 2) - (14, -21, 12) = (-7, 16, -10)$ eine Lösung des zugehörigen homogenen Systems, wie man leicht durch Einsetzen überprüfen kann.

$$4 \cdot (-7) + 3 \cdot 16 + 2 \cdot (-10) = -28 + 48 - 20 = 0$$

$$2 \cdot (-7) + 4 \cdot 16 + 5 \cdot (-10) = -14 + 64 - 50 = 0$$

Weiterhin gilt auch, daß die Summe aus einer Lösung des inhomogenen und des zugehörigen homogenen Systems eine Lösung des inhomogenen Systems ist. Der Vektor $\mathbf{d} = (0, 11, -8)$ ist Lösung des inhomogenen und der Vektor $\mathbf{h} = (-21, 48, -30)$ Lösung des zugehörigen homogenen Systems.

Wir bilden den Summenvektor $\mathbf{d} + \mathbf{h} = (0, 11, -8) + (-21, 48, -30) = (-21, 59, -38)$. $\mathbf{d} + \mathbf{h}$ ist Lösung der beiden inhomogenen Gleichungen.

Satz 2.3 Die Differenz $\mathbf{h} = \mathbf{b} - \mathbf{c}$ zweier Lösungsvektoren eines inhomogenen (m,n)-Systems ist immer Lösungsvektor des zugehörigen homogenen Systems.

B e w e i s. Wir untersuchen die Gleichung G_k eines inhomogenen (m,n)-Systems, bei dem $\mathbf{b}$ und $\mathbf{c}$ Lösungsvektoren sind.

$$G_k \quad a_{k1} x_1 + a_{k2} x_2 + \ldots + a_{kn} x_n = d_k$$
$$a_{k1} b_1 + a_{k2} b_2 + \ldots + a_{kn} b_n = d_k$$
$$a_{k1} c_1 + a_{k2} c_2 + \ldots + a_{kn} c_n = d_k \quad \bigm| \cdot (-1)$$
$$a_{k1} (b_1 - c_1) + a_{k2} (b_2 - c_2) + \ldots + a_{kn} (b_n - c_n) = 0$$

Dies zeigt, daß der Vektor $\mathbf{b} - \mathbf{c}$ Lösung der homogenen Gleichung $a_{k1} x_1 + a_{k2} x_2 + \ldots + a_{kn} x_n = 0$ ist.

Da dies für alle Gleichungen des inhomogenen Systems gilt, ist $\mathbf{h} = \mathbf{b} - \mathbf{c}$ Lösungsvektor des zugehörigen homogenen Systems, gehört also zu dessen Lösungsmenge. ∎

B **Satz 2.4** (Umkehrung von Satz 2.3.) Gegeben seien ein spezieller Lösungsvektor **b** aus der Lösungsmenge L_i eines inhomogenen (m,n)-Systems und die Lösungsmenge L_h des zugehörigen homogenen Systems. Dann ist die Lösungsmenge L_i gleich der Menge

$$L_i = \{\, c \mid c = b + h \text{ und } h \in L_h \,\}.$$

B e w e i s. 1. Zunächst zeigen wir, daß jeder Vektor **b** + **h** zur Lösungsmenge L_i gehört. Wegen $b \in L_i$ und $h \in L_h$ gilt für die jeweils k-te Gleichung des inhomogenen bzw. des homogenen Systems

$$\left.\begin{array}{l} a_{k1}\,b_1 + a_{k2}\,b_2 + \ldots + a_{kn}\,b_n = d_k \\[4pt] a_{k1}\,h_1 + a_{k2}\,h_2 + \ldots + a_{kn}\,h_n = 0 \end{array}\right| {\small +}$$

Nach der Addition beider Gleichungen erhalten wir

$$a_{k1}\,(b_1 + h_1) + a_{k2}\,(b_2 + h_2) + \ldots + a_{kn}\,(b_n + h_n) = d_k$$

Damit ist jedoch **b** + **h** Lösungsvektor des inhomogenen Systems, d. h. $(b + h) \in L_i$.

2. Umgekehrt zeigen wir jetzt, daß jedes Element **c** aus der Lösungsmenge L_i sich in der Form $b + h, h \in L_h$ angeben läßt.

Es sei also $c \in L_i$. Nach Voraussetzung gilt $b \in L_i$. Der Differenzvektor $h = c - b$ ist nach Satz 2.3 Lösung des zugehörigen homogenen Systems $h = c - b \in L_h$. Wir haben so für den Vektor **c** die Darstellung $c = b + h$ erhalten. ∎

Folgerungen aus Satz 2.4

1. Ein inhomogenes Gleichungssystem möge genau eine Lösung besitzen, d. h. L_i enthält ein Element ($L_i = \{\, b \,\}$).

Dann besitzt das zugehörige homogene System nur die triviale Lösung $L_h = \{\, o \,\}$.
Hätte nämlich L_h ein weiteres Element **h**, so wäre nach Satz 2.4 der Vektor $b + h = c$ auch ein Element von L_i, d. h. L_i würde mindestens die beiden Elemente **b** und **c** enthalten. Das widerspricht aber der Voraussetzung, daß L_i eine Einermenge ist. Also ist die Annahme, daß L_h neben dem Nullvektor **o** ein weiteres Element enthält, falsch.

2. Die Lösungsmenge des zugehörigen homogenen Systems enthalte nur den Nullvektor, d. h. $L_h = \{\, o \,\}$. Dann besitzt die Lösungsmenge des inhomogenen Systems entweder nur ein Element $L_i = \{\, b \,\}$ oder sie ist leer $L_i = \emptyset$. Wenn das inhomogene System eine Lösung **b** besitzt, dann hat L_i nach Satz 2.4 die Form $L_i = \{\, b + o \,\} = \{\, b \,\}$. In diesem Fall besitzt das inhomogene System genau eine Lösung, ist also eindeutig lösbar.

Beispiele zu den Folgerungen 1 und 2

2.1 (3,3)-System

$$\begin{aligned} 2\,x_1 + 3\,x_2 + \;\; x_3 &= -5 \\ 3\,x_1 + 4\,x_2 + 2\,x_3 &= -1 \\ 6\,x_1 + 2\,x_2 + 3\,x_3 &= 20 \end{aligned}$$

Dieses inhomogene Gleichungssystem besitzt genau eine Lösung: $L_i = \{\, (1, -5, 8) \,\}$. Das zugehörige homogene System ist nur trivial lösbar. Den Nachweis dazu werden wir zu Beginn von Abschn. 2.2.4 führen.

2.2 (2,2)-System   **B**

$$2\,x_1 + x_2 = 5 \qquad\qquad 2\,x_1 + x_2 = 0$$
$$\underline{x_1 + 2\,x_2 = 4}\,|\cdot 2 \qquad \underline{x_1 + 2\,x_2 = 0}\ |\cdot 2$$

$$2\,x_1 + x_2 = 0 \quad|-$$
$$\underline{2\,x_1 + 4\,x_2 = 0}\quad|$$

$$3\,x_2 = 0 \qquad 2\,x_1 + 0 = 0$$
$$x_2 = 0 \qquad\quad x_1 \ = 0$$

Das zugehörige homogene System besitzt nur die triviale Lösung $L_h = \{(0,0)\}$. Das inhomogene System ist eindeutig lösbar, hat also genau eine Lösung.

$$2\,x_1 + \ x_2 = 5 \quad|-$$
$$\underline{2\,x_1 + 4\,x_2 = 8}\quad|$$

$$3\,x_2 = 3 \qquad 2\,x_1 + 1 = 5$$
$$x_2 = 1 \qquad\quad x_1 \ = 2$$
$$L_i = \{(2,1) + (0,0)\} = \{(2,1)\}$$

2.2.3 Verfahren zur Bestimmung der Lösungsmenge eines linearen Gleichungssystems, Gaußsches Eliminationsverfahren

In diesem Abschnitt geht es darum, ein praktikables Verfahren zu erläutern, das es uns
bei einem noch vertretbaren Rechenaufwand gestattet, lineare Gleichungssysteme zu
lösen. Wie zum Teil schon aus den Beispielen ersichtlich ist, besteht das Vorgehen
darin, die Gleichungen eines Systems durch elementare Umformungen so zu verändern,
daß die Elemente der Lösungsmenge abgelesen oder leicht bestimmt werden können.
Da die Gleichungen nur elementaren Umformungen unterworfen werden, ändert sich
die Lösungsmenge L nicht. In diesem Zusammenhang muß man sich im klaren sein,
daß es sich bei den elementaren Umformungen von Gleichungen um das Rechnen mit
reellen Zahlen handelt, wobei die Eigenschaften der Addition und Multiplikation reeller
Zahlen fortlaufend angewendet werden. Das kommt daher, weil wir bei der Umformung
von Gleichungen eines (m,n)-Systems von vorne herein annehmen, daß eine Lösung
existiere, die für $x_1, x_2, \ldots, x_n$ eingesetzt sei. Auf diese Weise erhalten wir zusammen
mit den Koeffizienten und Konstanten reelle Zahlen, die addiert und multipliziert werden unter Anwendung der zugehörigen Verknüpfungseigenschaften.

Ehe allgemein das Gaußsche Verfahren auf ein (m,n)-System angewendet wird, wollen
wir die wesentlichen Schritte an einem (3,3)-System erläutern.

B e i s p i e l. Wir beginnen mit der Variablen x_1 und suchen eine Gleichung, in der der
Koeffizient von x_1 von Null verschieden ist. Das ist beispielsweise bei der Gleichung G_1
der Fall. Die Gleichung G_1 wählen wir und lassen sie zunächst unverändert. Geeignete
Vielfache von G_1 benutzen wir jedoch, um die Gleichungen G_2 und G_3 elementar so
umzuformen, daß in diesen die Variable x_1 nicht mehr auftritt.

B

$$
\begin{array}{lll}
G_1 & 2\,x_1 + 3\,x_2 + 2\,x_3 = 3 & \\
G_2 & 3\,x_1 + 4\,x_2 + 2\,x_3 = -1 & \\
G_3 & 6\,x_1 + 2\,x_2 + 3\,x_3 = 20 & \\
\hline
G_1' & 2\,x_1 + 3\,x_2 + 2\,x_3 = 3 & G_1' = G \\
G_2' & \quad\quad\; -\,x_2 - 2\,x_3 = -11 & G_2' = 2\,G_2 - 3\,G_1 \\
G_3' & \quad\quad -7\,x_2 - 3\,x_3 = 11 & G_3' = G_3 - 3\,G_1
\end{array}
$$

Hinter den umgeformten Gleichungen stehen die Angaben, wie die Umformungen vorgenommen worden sind. So ist z. B. die Gleichung G_2' entstanden, indem wir von $2\,G_2$ das Dreifache von G_1 subtrahiert haben, d. h. $G_2' = 2\,G_2 - 3\,G_1$.

Als nächste Variable wählen wir x_2 und suchen eine Gleichung – die Gleichung $G_1 = G_1'$ ist dabei ausgeschlossen, weil wir sie schon gewählt haben –, in der x_2 mit einem von Null verschiedenen Koeffizienten vorkommt. Das ist bei G_2' der Fall. G_2' lassen wir ab jetzt unverändert und benutzen nur ein geeignetes Vielfaches von ihr, um in Gleichung G_3' die Variable x_3 zu eliminieren. Das erreichen wir durch das (-7)-fache von G_2', das wir zu G_3' addieren.

$$
\begin{array}{lll}
G_1'' & 2\,x_1 + 3\,x_2 + \;2\,x_3 = 3 & G_1'' = G_1' = G_1 \\
G_2'' & \quad\quad\; -\,x_2 - \;2\,x_3 = -11 & G_2'' = G_1' \\
G_3'' & \quad\quad\quad\quad\quad 11\,x_3 = 88 & G_3'' = G_3' - 7\,G_2'
\end{array}
$$

Aus der Gleichung G_3'' können wir $x_3 = 8$ bestimmen. Den Wert für x_3 setzen wir in G_2'' ein und erhalten dann für x_2 den Wert $-x_2 - 2 \cdot 8 = -11$, $x_2 = -5$. In G_1'' eingesetzt ergibt sich für x_1: $2\,x_1 + 3 \cdot (-5) + 2 \cdot 8 = 3$, $x_1 = 1$. Somit heißt $(1, -5, 8)$ der Lösungsvektor für das $(3,3)$-System. Es gibt genau eine Lösung. Das zugehörige homogene System hat nur die triviale Lösung $(0, 0, 0)$.

Nach Anwendung des Gaußschen Verfahrens erhalten wir in diesem Falle

$$
\begin{array}{ll}
2\,x_1 + 3\,x_2 + \;2\,x_3 = 0 & \\
\quad\quad\; -\,x_2 - \;2\,x_3 = 0 & \\
\quad\quad\quad\quad\quad 11\,x_3 = 0 & x_1 = 0; \quad x_2 = 0; \quad x_3 = 0.
\end{array}
$$

Wir wollen nun allgemein an einem (m,n)-System das G a u ß s c h e E l i m i n a t i o n s v e r f a h r e n in einzelnen Schritten erläutern.

1. Als erstes wählen wir eine Gleichung aus, in der der Koeffizient von x_1 ungleich Null ist und bezeichnen diese als Gleichung 1. Ist dies nicht möglich, so wählen wir die nächste Variable mit dieser Bedingung und nennen diese Variable x_1.

Die gewählte Gleichung bleibt bei den nächsten Schritten selbst unverändert. Wir benutzen sie jedoch, um durch Addition von Vielfachen von ihr die nachfolgenden Gleichungen elementar umzuformen, so daß in ihnen die Variable x_1 eliminiert wird.

$$
\begin{aligned}
G_1 &\quad a_{11}x_1 + a_{12}x_2 + \ldots + a_{1n}x_n = d_1 \\
G_2 &\quad a_{21}x_1 + a_{22}x_2 + \ldots + a_{2n}x_n = d_2 \\
&\quad \vdots \\
G_m &\quad a_{m1}x_1 + a_{m2}x_2 + \ldots + a_{mn}x_n = d_m
\end{aligned}
\qquad
\begin{aligned}
&\cdot\left(-\frac{a_{21}}{a_{11}}\right) \\
&G_2' = G_2 + \left(-\frac{a_{21}}{a_{11}}\right)G_1
\end{aligned}
\qquad
\begin{aligned}
&\cdot\left(-\frac{a_{m1}}{a_{11}}\right) \\
&G_m' = G_m + \left(-\frac{a_{m1}}{a_{11}}\right)G_1
\end{aligned}
\qquad \mathbf{B}
$$

$$
\begin{aligned}
G_1' &\quad a_{11}x_1 + a_{12}x_2 + \ldots + a_{1n}x_n = d_1 \\
G_2' &\quad \qquad\quad a_{22}'x_2 + \ldots + a_{2n}'x_n = d_2' \\
&\quad \vdots \\
G_m' &\quad \qquad\quad a_{m2}'x_2 + \ldots + a_{mn}'x_n = d_m'
\end{aligned}
\qquad
\begin{aligned}
&\cdot\left(-\frac{a_{32}'}{a_{22}'}\right) \\
&G_3'' = G_3' + \left(-\frac{a_{32}'}{a_{22}'}\right)
\end{aligned}
\qquad
\begin{aligned}
&\cdot\left(-\frac{a_{m2}'}{a_{22}'}\right) \\
&G_m'' = G_m' + \left(-\frac{a_{m2}'}{a_{22}'}\right)
\end{aligned}
$$

$$
\begin{aligned}
G_1'' &\quad a_{11}x_1 + a_{12}x_2 + a_{13}x_3 + \ldots + a_{1n}x_n = d_1 \\
G_2'' &\quad \qquad\quad a_{22}'x_2 + a_{23}'x_3 + \ldots + a_{2n}'x_n = d_2' \\
G_3'' &\quad \qquad\qquad\qquad\quad a_{33}''x_3 + \ldots + a_{3n}''x_n = d_3'' \\
&\quad \vdots \\
G_m'' &\quad \qquad\qquad\qquad\quad a_{m3}''x_3 + \ldots + a_{mn}''x_n = d_m''
\end{aligned}
$$

2. Wir wählen eine Gleichung, in der der Koeffizient von x_2 von Null verschieden ist und bezeichnen diese Gleichung mit der Nummer 2. Diese Gleichung bleibt im weiteren unverändert, wir addieren nur geeignete Vielfache von ihr zu den anderen Gleichungen, um in diesen die Variable x_2 zu eliminieren. Kommt keine Variable x_2 vor, so wählen wir eine andere mit den geforderten Bedingungen und nennen diese x_2.

3. In analoger Weise verfahren wir mit den Variablen x_3, x_4, usw. Die gewählte Gleichung bleibt im folgenden unverändert, in den nachfolgenden Gleichungen wird dann eine Variable eliminiert. Das elementar umgeformte Gleichungssystem hat je nach der Zahl der Variablen und der Gleichungen eine verschiedene Gestalt. Wir unterscheiden folgende Fälle:

a) Zahl n der Variablen ist gleich der Zahl m der Gleichungen: $m = n$

$$
\begin{aligned}
G_1^{(m-1)} &\quad a_{11}x_1 + a_{12}x_2 + \ldots \qquad\qquad + a_{1n}x_n = d_1 \\
G_2^{(m-1)} &\quad \qquad\qquad a_{22}'x_2' + \ldots \qquad\qquad + a_{2n}'x_n = d_2' \\
G_3^{(m-1)} &\quad \qquad\qquad\qquad\qquad a_{33}''x_2 + \ldots + a_{3n}''x_n = d_3'' \\
&\quad \vdots \\
G_m^{(m-1)} &\quad \qquad\qquad\qquad\qquad\qquad\qquad a_{nn}^{(n-1)}x_n = d_n^{(n-1)}
\end{aligned}
$$

Nach $m - 1 = n - 1$ Schritten ist das Verfahren zu Ende, d. h. nach $n - 1$ elementaren Umformungen des Gleichungssystems. In der n-ten Gleichung kommt dann nur noch die Variable x_n vor; unter der Voraussetzung, daß der zugehörige Koeffizient von Null verschieden ist. Wenn die n Gleichungen linear unabhängig sind und keine Widersprüche enthalten, gelangt man zu der oben angegebenen Form des Gleichungssystems. In diesem Falle hat das inhomogene (n,n)-System genau eine Lösung. Diese erhält man, indem man

B von der n-ten Gleichung ausgehend nacheinander die Werte für x_1 bis x_n bestimmt, und zwar durch Einsetzen. Dieses Vorgehen, in Beispielen schon öfters benutzt, wollen wir nur an den beiden ersten Schritten erläutern.

$$a_{nn}^{(n-1)} x_n = d_n^{(n-1)} \Rightarrow x_n = \frac{d_n^{(n-1)}}{a_{nn}^{(n-1)}}, \qquad x_n = b_n$$

Der Wert für x_n wird nun in die $(n-1)$-te Gleichung eingesetzt, und dann wird nach x_{n-1} aufgelöst.

$$a_{n-1, n-1}^{(n-2)} x_{n-1} + a_{n-1, n}^{(n-2)} x_n = d_{n-1}^{(n-2)}$$

$$x_{n-1} = \frac{d_{n-1}^{(n-2)} - a_{n-1, n}^{(n-2)} x_n}{a_{n-1, n-1}^{(n-2)}} = \frac{d_{n-1}^{(n-2)} - a_{n-1, n}^{(n-2)} \cdot b_n}{a_{n-1, n-1}^{(n-2)}} = b_{n-1}$$

Auf diese Weise erhalten wir der Reihe nach die Lösung:

$$x_n = b_n, x_{n-1} = b_{n-1}, \ldots, x_2 = b_2, x_1 = b_1.$$

Wie man leicht sieht, hat das zugehörige homogene Gleichungssystem nur die triviale Lösung $x_1 = x_2 = \ldots = x_n = 0$.

b) Die Zahl m der Gleichungen ist kleiner als die Zahl n der Variablen: $m < n$.

Auch hier wollen wir voraussetzen, daß die m Gleichungen linear unabhängig sind und keine Widersprüche enthalten. Dann erhalten wir nach $m - 1$ Schritten, also nach $m - 1$ elementaren Umformungen, folgendes Gleichungssystem

$$\begin{aligned}
G_1^{(m-1)} \quad & a_{11} x_1 + a_{12} x_2 + \ldots + a_{1m} x_m + a_{1, m+1} x_{m+1} + \ldots + a_{1n} x_n && = d_1 \\
G_2^{(m-1)} \quad & \qquad\quad a_{22}' x_2 + \ldots + a_{2m}' x_m + a_{2, m+1}' x_{m+1} + \ldots + a_{2n}' x_n && = d_2' \\
& \quad\vdots \\
G_m^{(m-1)} \quad & \qquad\qquad\qquad a_{mm}^{(m-1)} x_m + a_{m, m+1}^{(m-1)} x_{m+1} + \ldots + a_{mn}^{(m-1)} x_n && = d_m^{(m-1)}
\end{aligned}$$

Durch entsprechende Umformungen bewirken wir, daß die Variablen $x_{m+1}, x_{m+2}, \ldots, x_n$ auf der rechten Seite jeder der m Gleichungen erscheinen. Wir erhalten so:

$$\begin{aligned}
a_{11} x_1 + a_{12} x_2 + \ldots + a_{1m} x_m &= d_1 - a_{1, m+1} x_{m+1} && - \ldots - a_{1n} x_n \\
a_{22}' x_2 + \ldots + a_{2m}' x_m &= d_2' - a_{2, m+1}' x_{m+1} && - \ldots - a_{2n}' x_n \\
\vdots \\
a_{mm}^{(m-1)} x_m &= d_m^{(m-1)} - a_{m, m+1}^{(m-1)} x_{m+1} && - \ldots - a_{mn}^{(m-1)} x_n
\end{aligned}$$

Dieses System formen wir analog wie im Falle $m = n$ so um, daß wir in der letzten $(m$-ten$)$ Gleichung nach x_m auflösen und den Wert für x_m in die $(m-1)$-te Gleichung einsetzen. So erhalten wir für die Variablen $x_1, x_2, \ldots, x_m$ folgende Ausdrücke, die wegen der besseren Überschaubarkeit neue Bezeichnungen für die Koeffizienten und Konstanten enthalten.

$$x_1 = c_1 + c_{11}x_{m+1} + c_{12}x_{m+2} + \ldots + c_{1,\,n-m}x_n$$
$$x_2 = c_2 + c_{21}x_{m+1} + c_{22}x_{m+2} + \ldots + c_{2,\,n-m}x_n$$
$$\vdots \qquad\qquad \vdots \qquad\qquad\qquad\qquad \vdots$$
$$x_m = c_m + c_{m1}x_{m+1} + c_{m2}x_{m+2} + \ldots + c_{m,\,n-m}x_n$$

Jeder Lösungsvektor $x = (x_1, x_2, \ldots, x_n)$ des (m,n)-Systems besteht aus n reellen Zahlen mit folgender Besonderheit: Für die letzten $(n - m)$ Variablen, also für x_{m+1}, $x_{m+2}, \ldots, x_n$ können beliebige reelle Zahlen eingesetzt werden. Da über diese Variablen frei verfügt werden kann, bezeichnet man sie auch als freie Parameter. Die Lösungsmenge des (m,n)-Systems ist deshalb $(n - m)$-fach unendlich, weil nämlich für jede dieser $(n - m)$ Variablen jede beliebige reelle Zahl eingesetzt werden kann.

Verzichten wir auf die Voraussetzung, daß alle Gleichungen des (m,n)-Systems linear unabhängig sind, so kann es vorkommen, daß wir bei der Anwendung des Gaußschen Eliminationsverfahrens zum Schluß nicht m Gleichungen, sondern nur r Gleichungen erhalten $(r < m)$. Das ist dann gegeben, wenn durch das Verfahren linear abhängige Gleichungen ausgeschieden werden, also solche, die sich aus anderen Gleichungen linear erzeugen lassen. Ist dies der Fall, so können wir über $(n - r)$ Variable frei verfügen, haben also $(n - r)$ freie Parameter. Berücksichtigen wir die Möglichkeit der linearen Abhängigkeit von Gleichungen in einem (m,n)-System, setzen jedoch weiter voraus, daß die Gleichungen keine Widersprüche enthalten, dann können wir die Lösungen für $r \leqslant m$ so schreiben

$$x_1 = c_1 + c_{11}x_{r+1} + c_{12}x_{r+2} + \ldots + c_{1,\,n-r}x_n$$
$$x_2 = c_2 + c_{21}x_{r+1} + c_{22}x_{r+2} + \ldots + c_{2,\,n-r}x_n$$
$$\vdots \qquad\qquad \vdots \qquad\qquad\qquad\qquad \vdots$$
$$x_r = c_r + c_{r1}x_{r+1} + c_{r2}x_{r+2} + \ldots + c_{r,\,n-r}x_n$$

Als Beispiel wählen wir ein $(3,4)$-System, dessen Lösungsmenge zweifach unendlich ist, d. h., daß wir über zwei Variable frei verfügen können.

$$
\begin{array}{lllll}
G_1 & x_1 - x_2 + 2x_3 + 6x_4 = -6 & \cdot(-4) & \cdot(-6) \\
G_2 & 4x_1 + 4x_2 + x_3 + 2x_4 = 9 \\
G_3 & 6x_1 + 2x_2 + 5x_3 + 14x_4 = -3 \\
\hline
G_1' & x_1 - x_2 + 2x_3 + 6x_4 = -6 & G_1' = G_1 \\
G_2' & 8x_2 - 7x_3 - 22x_4 = 33 & G_2' = G_2 - 4G_1 \\
G_3' & 8x_2 - 7x_3 - 22x_4 = 33 & G_3' = G_3 - 6G_1 \\
\hline
G_1' & x_1 - x_2 + 2x_3 + 6x_4 = -6 \\
G_2' & 8x_2 - 7x_3 - 22x_4 = 33 \\
\hline
G_1'' & x_1 - x_2 = -6 - 2x_3 - 6x_4 \\
G_2'' & 8x_2 = 33 + 7x_3 + 22x_4 & |:8 \\
\hline
\end{array}
$$

B

$$G_1''' \quad x_1 - x_2 \qquad\qquad = -6 - 2\,x_3 - 6\,x_4$$

$$G_2''' \qquad\quad x_2 \qquad\qquad = \frac{33}{8} + \frac{7}{8}\,x_3 + \frac{22}{8}\,x_4$$

$$G_1'''' \quad x_1 \qquad\qquad\quad = -\frac{15}{8} - \frac{9}{8}\,x_3 - \frac{26}{8}\,x_4$$

$$G_2'''' \qquad\quad x_2 \qquad\qquad = \frac{33}{8} + \frac{7}{8}\,x_3 + \frac{22}{8}\,x_4$$

Bei der Anwendung des Gaußschen Verfahrens ergab sich nach dem ersten Schritt, daß wir die Gleichung G_3' wegen $G_2' = G_3'$ weglassen konnten. Der Grund dafür ist die lineare Abhängigkeit der Gleichung G_3 von den Gleichungen G_1 und G_2, d. h. $G_3 = 2\,G_1 + G_2$. Die Lösungsmenge des Gleichungssystems ist zweifach unendlich, weil für die Variablen x_3 und x_4 jede beliebige reelle Zahl eingesetzt werden kann. Wählen wir z. B. $x_3 = 0$ und $x_4 = 0$, so ergibt sich ein Lösungsvektor des Systems in der Form

$$x = \left(-\frac{15}{8}, \frac{33}{8}, 0, 0 \right).$$

A u f g a b e. Überprüfen Sie durch Einsetzen, ob $x = \left(-\frac{15}{8}, \frac{33}{8}, 0, 0 \right)$ zur Lösungsmenge des Systems gehört und geben Sie drei weitere Lösungen an, die Sie ebenfalls überprüfen.

Aus Platzmangel haben wir darauf verzichtet, in allgemeiner Form die Fälle aufzuzeigen, bei denen Widersprüche auftreten. Wie hierbei zu verfahren ist, wollen wir lediglich an einem Beispiel erläutern.

$$
\begin{array}{llrrrrl}
G_1 & 2\,x_1 & - & 3\,x_2 & + & x_3 & = 6 \\
G_2 & 4\,x_1 & + & 2\,x_2 & - & 2\,x_3 & = 12 \\
G_3 & x_1 & + & x_2 & + & 3\,x_3 & = 4 \\
G_4 & 3\,x_1 & - & 2\,x_2 & + & 4\,x_3 & = 5 \\
\end{array}
$$

$$
\begin{array}{llrrl}
G_1' & & - 5\,x_2 & - 5\,x_3 & = -2 \\
G_2' & & - 2\,x_2 & - 14\,x_3 & = -4 \\
G_3' & x_1 + & x_2 & + 3\,x_3 & = 4 \\
G_4' & & - 5\,x_2 & - 5\,x_3 & = -7 \\
\end{array}
\qquad
\begin{array}{lrrl}
& x_1 + & x_2 + 3\,x_3 & = 4 \\
& & - 2\,x_2 - 14\,x_3 & = -4 \\
& & - 5\,x_2 - 5\,x_3 & = -2 \\
& & - 5\,x_2 - 5\,x_3 & = -7 \\
\end{array}
$$

$$
\begin{array}{llrrl}
G_3'' & x_1 + & x_2 & + 3\,x_3 & = 4 \\
G_2'' & & - 2\,x_2 & - 14\,x_3 & = -4 \\
G_1'' & & & 30\,x_3 & = 8 \\
G_4'' & & & 30\,x_3 & = 3 \\
\end{array}
$$

$$
\begin{array}{llrrl}
G_3''' & x_1 + & x_2 & + 3\,x_3 & = 4 \\
G_2''' & & - 2\,x_2 & - 14\,x_3 & = -4 \\
G_1''' & & & 30\,x_3 & = 8 \\
G_4''' & & & 0 & = 5 \\
\end{array}
$$

Die letzte Gleichung ergibt die falsche Aussage $0 = 5$, sie enthält also einen Widerspruch. **B**
Wir waren jedoch allgemein von der Annahme ausgegangen, daß es reelle Zahlen gibt,
die Lösungen des Gleichungssystems sind. Die widersprüchliche Gleichung G_4''' zeigt,
daß diese Annahme falsch war. Daher hat das vorgegebene (4,3)-System keine Lösung.

2.2.4 Dimension der Lösungsmenge eines homogenen Gleichungssystems, Koeffizientenmatrix

Mit der Anwendung des Gaußschen Eliminationsverfahrens zur Bestimmung der
Lösungsmenge eines allgemeinen (m,n)-Systems von linearen Gleichungen haben wir
auch die ersten Hilfsmittel gewonnen, um die Dimension s der Lösungsmenge des zugehörigen homogenen Systems zu berechnen. Wir hatten festgestellt, daß durch das
Gaußsche Verfahren aus den ursprünglichen m Gleichungen sich r Gleichungen ergeben können, $r \leqslant m$, und zwar r dann unabhängige Gleichungen für die Variablen
$x_1, x_2, \ldots, x_n$. Diese r unabhängigen Gleichungen haben die gleiche Lösungsmenge
wie das ursprüngliche (m,n)-System, weil sie aus diesem durch elementare Umformungen hervorgegangen sind. Da in dem zugehörigen homogenen System alle Konstanten verschwinden, erhalten wir folgende r Gleichungen für $x_1, x_2, \ldots, x_n$.

$$x_1 = c_{11} x_{r+1} + c_{12} x_{r+2} + \ldots + c_{1,\,n-r} x_n \qquad x_1 = \sum_{k=1}^{n-r} c_{1k} x_{r+k}$$

$$x_2 = c_{21} x_{r+1} + c_{22} x_{r+2} + \ldots + c_{2,\,n-r} x_n \qquad x_2 = \sum_{k-1}^{n-r} c_{2k} x_{r+k}$$

$$\vdots \qquad\qquad \vdots \qquad\qquad\qquad \vdots \qquad\qquad \vdots$$

$$x_r = c_{r1} x_{r+1} + c_{r2} x_{r+2} + \ldots + c_{r,\,n-r} x_n \qquad x_r = \sum_{k=1}^{n-r} c_{rk} x_{r+k}$$

Rechts sind die Gleichungen unter Benutzung des Summenzeichens in Kurzform angegeben. Für die Variablen $x_{r+1}, x_{r+2}, \ldots, x_n$ können beliebige reelle Zahlen eingesetzt
werden. Die Lösungsmenge des homogenen (m,n)-Systems ist daher $(n - r)$-fach unendlich. Denken wir uns für die freien Parameter beliebige reelle Zahlen eingesetzt, so
hat jeder Lösungsvektor **x** des Systems folgende Form, wobei wir zuletzt die frei wähl-
baren Zahlen $x_{r+1}, x_{r+2}, \ldots, x_n$ durch $s_1, s_2, \ldots, s_{n-r}$ ersetzen

$$\mathbf{x} = (x_1, x_2, \ldots, x_r, x_{r+1}, x_{r+2}, \ldots, x_n)$$

$$\mathbf{x} = \left(\sum_{k=1}^{n-r} c_{1k} x_{r+k}, \; \sum_{k=1}^{n-r} c_{2k} x_{r+k}, \ldots, \sum_{k=1}^{n-r} c_{rk} x_{r+k}, \; x_{r+1}, x_{r+2}, \ldots, x_n \right)$$

$$\mathbf{x} = \left(\sum_{k=1}^{n-r} c_{1k} x_{r+k}, \; \sum_{k=1}^{n-r} c_{2k} x_{r+k}, \ldots, \sum_{k=1}^{n-r} c_{rk} x_{r+k}, \; s_1, s_2, \ldots, s_{n-r} \right)$$

Wir wollen nun die Dimension s der Lösungsmenge L des homogenen (m,n)-Systems
bestimmen. Zu diesem Zweck suchen wir $(n - r)$ spezielle Lösungsvektoren $\mathbf{x}_1, \mathbf{x}_2$,
$\ldots, \mathbf{x}_{n-r}$, von denen wir später zeigen wollen, daß sie eine Basis von L bilden. Da wir

B über die Variablen $x_{r+1}, x_{r+2}, \ldots, x_n$ frei verfügen können, wählen wir für den Lösungsvektor x_1 folgende reelle Zahlen: $x_{r+1} = 1, x_{r+2} = 0, \ldots, x_n = 0$. Für x_1, $x_2, \ldots, x_r$ erhalten wir dann

$$x_1 = c_{11}; x_2 = c_{21}; \ldots; x_r = c_{r1}; x_{r+1} = 1; x_{r+2} = 0; \ldots; x_n = 0.$$

$$x_1 = (c_{11}, c_{21}, \ldots, c_{r1}, 1, 0, 0, \ldots, 0)$$

Den Lösungsvektor x_2 gewinnen wir durch folgende Werte

$$x_{r+1} = 0; x_{r+2} = 1; x_{r+3} = 0; \ldots; x_n = 0$$

$$x_1 = c_{12}; x_2 = c_{22}; \ldots; x_r = c_{r2}; x_{r+1} = 0; x_{r+2} = 1; \ldots; x_n = 0$$

$$x_2 = (c_{12}, c_{22}, \ldots, c_{r2}, 0, 1, 0, \ldots, 0)$$

Für den Lösungsvektor x_{n-r} gilt $x_{r+1} = 0; x_{r+2} = 0; \ldots; x_n = 1$.

$$x_{n-r} = (c_{1, n-r}, c_{2, n-r}, \ldots, c_{r, n-r}, 0, 0, \ldots, 1)$$

Der besseren Übersicht wegen stellen wir diese Lösungsvektoren noch einmal zusammen

$$x_1 \quad = (c_{11}, c_{21}, \ldots, c_{r1}, 1, 0, \ldots, 0)$$

$$x_2 \quad = (c_{12}, c_{22}, \ldots, c_{r2}, 0, 1, 0, \ldots, 0)$$

$$\vdots \qquad \vdots \qquad \qquad \vdots$$

$$x_{n-r} = (c_{1, n-r}, c_{2, n-r}, \ldots, c_{r, n-r}, 0, 0, \ldots, 1)$$

Bilden wir nun aus diesen Lösungsvektoren Linearkombinationen der Art

$$\overline{x} = s_1 x_1 + s_2 x_2 + \ldots + s_{n-r} x_{n-r} \qquad s_1, s_2, \ldots, s_{n-r} \in \mathbf{R},$$

so wissen wir, daß jede Linearkombination auch Lösung des Systems ist, also zu L gehört.

Wir zeigen nun, daß jede Linearkombination $\overline{x}$ mit beliebigen reellen Zahlen $s_1, s_2, \ldots, s_{n-r}$ die Form des allgemeinen Lösungsvektors x hat.

Jeder Summand von $\overline{x}$ stellt ein n-Tupel vor, die wir komponentenweise addieren.

$$\overline{x} = s_1 x_1 + s_2 x_2 + \ldots + s_{n-r} x_{n-r} = (s_1 \cdot c_{11}, s_1 \cdot c_{21}, \ldots, s_1 c_{r1}, s_1, 0, \ldots, 0) +$$

$$+ (s_2 \cdot c_{12}, s_2 \cdot c_{22}, \ldots, s_2 \cdot c_{r2}, 0, s_2, 0, \ldots, 0) + \ldots +$$

$$+ (s_{n-r} \cdot c_{1, n-r}, \ldots, s_{n-r} \cdot c_{r, n-r}, 0, 0, \ldots, s_{n-r})$$

$$= (s_1 \cdot c_{11} + s_2 \cdot c_{12} + \ldots + s_{n-r} c_{1, n-r}, s_1 \cdot c_{21} + s_2 \cdot c_{22} + \ldots +$$

$$+ s_{n-r} \cdot c_{2, n-r}, \ldots, s_1 \cdot c_{r1} + s_2 \cdot c_{r2} + \ldots + s_{n-r} \cdot c_{r, n-r}, s_1, s_2, \ldots, s_{n-r})$$

$$= \left(\sum_{k=1}^{n-r} c_{1k} \cdot s_k, \sum_{k=1}^{n-r} c_{2k} \cdot s_k, \ldots, \sum_{k=1}^{n-r} c_{rk} \cdot s_k, s_1, s_2, \ldots, s_{n-r} \right)$$

Vergleichen wir jetzt $\overline{x}$ mit der allgemeinen Form des Lösungsvektors x, so stellen wir fest, daß beide gleich sind. Es läßt sich also jede Lösung des homogenen (m,n)-Systems als Linearkombination der Vektoren $x_1, x_2, \ldots, x_{n-r}$ schreiben.

Wenn wir jetzt noch zeigen können, daß diese $(n - r)$ Vektoren linear unabhängig sind, dann ergibt sich die Dimension s der Lösungsmenge L zu $s = n - r$.

Für den Nachweis der linearen Unabhängigkeit benötigen wir bei dem folgenden Weg einige Begriffe und Sätze, die auch für die späteren Abschnitte von Bedeutung sind. Wir hätten auch auf direktem Wege die lineare Unabhängigkeit der Vektoren x_1, x_2, $\ldots$, x_{n-r} beweisen können. Der Nullvektor o kann in diesem Falle nur auf triviale Weise aus den Vektoren x_1, x_2, $\ldots$, x_{n-r} erzeugt werden.

$$s_1 x_1 + s_2 x_2 + \ldots + s_{n-r} x_{n-r} = o$$

Setzen wir für die Lösungsvektoren die zugehörigen Komponenten ein und addieren die n-Tupel, so erhalten wir folgendes Ergebnis:

$$((s_1 c_{11} + s_2 c_{12} + \ldots + s_{n-r} c_{1, n-r}), (s_1 c_{21} + s_2 c_{22} + \ldots + s_{n-r} c_{2, n-r}),$$

$$\ldots, (s_1 c_{r1} + s_2 c_{r2} + \ldots + s_{n-r} c_{r, n-r}), (s_1 \cdot 1 + s_2 \cdot 0, \ldots, s_{n-r} \cdot 0),$$

$$(s_1 \cdot 0 + s_2 \cdot 1 + \ldots, s_{n-r} \cdot 0), \ldots, (s_1 \cdot 0 + s_2 \cdot 0, \ldots, s_{n-r} \cdot 1) = o$$

Aus den letzten $n - r$ Komponenten des Nullvektors o ergeben sich dann die folgenden Gleichungen: $s_1 \cdot 1 = 0$; $s_2 \cdot 1 = 0$; $\ldots$; $s_{n-r} \cdot 1 = 0$ oder $s_1 = s_2 = \ldots = s_{n-r} = 0$, also die triviale Lösung.

Definition 2.6 Unter einer Matrix A versteht man $m \cdot n$ reelle Zahlen, die in einem rechteckigen Schema von m Zeilen und n Spalten angeordnet sind. Sie wird auch als (m,n)-Matrix bezeichnet

$$A = \begin{pmatrix} a_{11} & a_{12} & a_{13} & \cdots & a_{1n} \\ a_{21} & a_{22} & a_{23} & \cdots & a_{2n} \\ & \vdots & & & \vdots \\ a_{m1} & a_{m2} & a_{m3} & \cdots & a_{mn} \end{pmatrix}$$

B e i s p i e l e für Matrizen:

(2,3)-Matrix

$$\begin{pmatrix} 4 & 0 & 1,5 \\ -2 & 3 & -5 \end{pmatrix}$$

(3,1)-Matrix

$$\begin{pmatrix} 7 \\ -3 \\ 4 \end{pmatrix}$$

(3,3)-Matrix

$$\begin{pmatrix} 11 & 6,4 & -1 \\ 0 & -2,5 & 8 \\ -9 & 10 & 2,1 \end{pmatrix}$$

Jede Zeile einer (m,n)-Matrix kann als ein geordnetes n-Tupel, also als ein Element des arithmetischen Vektorraums $\mathbf{R}^n$ aufgefaßt werden. Daher spricht man auch von Zeilenvektoren. Die 1. Zeile lautet in der Vektorschreibweise

$$a_1 = (a_{11}, a_{12}, a_{13}, \ldots, a_{1n})$$

Jede Spalte kann als geordnetes m-Tupel aus $\mathbf{R}^m$ geschrieben werden. Für die letzte Spalte erhalten wir so

$$\overline{a}_n = (a_{1n}, a_{2n}, \ldots, a_{mn})$$

B In dieser Bezeichnungsweise besteht eine (m,n)-Matrix aus m Zeilenvektoren aus $\mathbf{R}^n$ bzw. aus n Spaltenvektoren aus $\mathbf{R}^m$.

Die m Zeilenvektoren spannen einen Untervektorraum von $\mathbf{R}^n$ auf, dessen Dimension r gleich der Maximalzahl r linear unabhängiger Zeilenvektoren ist ($r \leq m$). Entsprechend spannen die n Spaltenvektoren einen Unterraum von $\mathbf{R}^m$ auf, der die Dimension $k \leq m$ besitzt. Wegen dieses Zusammenhangs kann man festlegen, was man unter dem Rang einer Matrix versteht.

Definition 2.7 Die Maximalzahl r linear unabhängiger Zeilenvektoren einer (m,n)-Matrix A heißt Z e i l e n r a n g von A. Der S p a l t e n r a n g k gibt die Maximalzahl linear unabhängiger Spaltenvektoren an.

Ähnlich wie bei der linearen Gleichung können wir auch Matrizen bestimmten Umformungen unterwerfen, die man in speziellen Fällen als elementare Umformungen bezeichnet.

Definition 2.8 Die folgenden Veränderungen einer Matrix heißen e l e m e n t a r e U m f o r m u n g e n:

a) Vertauschung zweier Zeilen (Spalten) der Matrix,
b) Multiplikation einer Zeile (Spalte) mit einer reellen Zahl $c \neq 0$,
c) Addition einer mit c multiplizierten Zeile (Spalte) zu einer anderen Zeile (Spalte).

Für elementare Umformungen einer Matrix gilt nun

Satz 2.5 Bei elementaren Zeilenumformungen ändert sich der Zeilenrang einer Matrix nicht. Entsprechendes gilt für die Spaltenumformungen und den Spaltenrang.

B e w e i s. I. 1. Werden zwei Zeilen einer Matrix vertauscht, so erfolgt dadurch nur eine andere Numerierung, was keine Änderung des Zeilenrangs bedeutet.
2. Wird die i-te Zeile mit $c \neq 0$ multipliziert, so erhalten wir die Zeilenvektoren $a_1, a_2,$ $\ldots, ca_i, \ldots, a_m$. Diese m Vektoren bestimmen einen Unterraum U von $\mathbf{R}^n$ mit der Dimension $r \leq m$. Der Unterraum U mit der ihn charakterisierenden Dimension r besteht aus allen Linearkombinationen der m Zeilenvektoren $a_1, a_2, \ldots, ca_i, \ldots, a_m$. Diese Linearkombinationen ergeben jedoch den gleichen Unterraum wie die ursprünglichen Zeilenvektoren $a_1, a_2, \ldots, a_i, \ldots, a_m$.

3. Durch die dritte elementare Umformung erhalten wir die neuen Zeilenvektoren $a_1, a_2, \ldots, a_i + c \cdot a_k, \ldots, a_m$.
Mit der gleichen Begründung wie unter 2 ergibt sich hier, daß diese Zeilenvektoren den gleichen Unterraum U aufspannen wie die ursprünglichen. Damit ändert sich also die Dimension r nicht.

II. In ähnlicher Weise kann man die n Spaltenvektoren betrachten und zeigen, daß sich der Spaltenrang bei elementaren Umformungen nicht ändert. Auch hier gilt als Begründung, daß die Linearkombinationen der elementar umgeformten Spaltenvektoren den gleichen Unterraum erzeugen wie die ursprünglichen Spaltenvektoren. ∎

Die Ergebnisse über die elementaren Zeilenumformungen einer Matrix wenden wir nun an auf homogene Gleichungssysteme. Bei einem homogenen (m,n)-System treten als

Koeffizienten der n Variablen $m \cdot n$ reelle Zahlen in einem rechteckigen Schema auf.
Diese Zahlen a_{ik} bilden also eine (m,n)-Matrix, die man auch als Koeffizientenmatrix
bezeichnet. Sie stimmt in der Bezeichnung mit der Matrix in Definition 2.6 überein.

B

$$A = \begin{pmatrix} a_{11} & a_{12} & \cdots & a_{1n} \\ a_{21} & a_{22} & \cdots & a_{2n} \\ \vdots & & & \vdots \\ a_{m1} & a_{m2} & \cdots & a_{mn} \end{pmatrix}$$

Wir betrachten im folgenden nur das zugehörige homogene (m,n)-System, setzen also
für die Konstanten $d_1 = d_2 = \ldots = d_m = 0$.

Die Anwendung des Gaußschen Eliminationsverfahrens bestand im ersten Teil in
höchstens $m - 1$ elementaren Umformungen, wenn wir von Vertauschungen der
Gleichungen absehen. Insgesamt erhielten wir r Gleichungen ($r \leqslant m$) in der typischen
Trapezform. Da sich die Koeffizienten bei den Umformungen laufend ändern, schreiben
wir diese nach r Schritten mit der neuen Bezeichnung d_{ik}.

$$\begin{aligned} d_{11}x_1 + d_{12}x_2 & \quad + \ldots + d_{1n}x_n = 0 \\ d_{22}x_2 & \quad + \ldots + d_{2n}x_n = 0 \\ & \qquad \vdots \qquad \vdots \\ d_{rr}x_r & + \ldots + d_{rn}x_n = 0 \end{aligned} \qquad A^{(r)} = \begin{pmatrix} d_{11} & d_{12} & \cdots & d_{1n} \\ 0 & d_{22} & \cdots & d_{2n} \\ \vdots & & & \vdots \\ 0 \cdots 0\, d_{rr} & \cdots & & d_{rn} \\ \vdots & & & \vdots \\ 0 & \cdots & & 0 \end{pmatrix}$$

Die zugehörige, nach r Umformungen entstandene Koeffizientenmatrix $A^{(r)}$ ist neben
dem Gleichungssystem angegeben. Ebenso wie die Matrix A enthält sie m Zeilen, die
jedoch ab der (r + 1)-ten Zeile nur aus Nullen bestehen. Man kann nun zeigen, daß die r
ersten Zeilenvektoren, die wir mit $\mathbf{b}_1, \mathbf{b}_2, \ldots, \mathbf{b}_r$ bezeichnen, linear unabhängig sind.

Satz 2.6 Die r ersten Zeilenvektoren der Matrix $A^{(r)}$ sind linear unabhängig; r ist gleich
dem Rang der Matrix $A^{(r)}$ und damit auch der Matrix A.

B e w e i s. Wir brauchen uns nur auf die ersten r Zeilen der Matrix $A^{(r)}$ zu beschränken,
da bei Hinzunahme jeder weiteren Zeile nur Nullvektoren dazukommen. In diesem Falle
sind aber mehr als r Zeilenvektoren immer linear abhängig.
Wir untersuchen die Gleichung $t_1 \mathbf{b}_1 + t_2 \mathbf{b}_2 + \ldots + t_r \mathbf{b}_r = \mathbf{o}$. Wenn sich in dieser Linearkombination nur die triviale Lösung ergibt, sind die r Zeilenvektoren linear unabhängig.
Die n-Tupel auf der linken Seite addieren wir komponentenweise:

$$(t_1 d_{11}, t_1 d_{12}, \ldots, t_1 d_{1n}) + (t_2 \cdot 0, t_2 d_{22}, \ldots, t_2 d_{2n}) +$$
$$+ \ldots + (t_r \cdot 0, t_r \cdot 0, \ldots, t_r \cdot d_{rr}, t_r b_{r,r+1}, \ldots, t_r b_{rn})$$
$$= (t_1 d_{11} + 0 + \ldots + 0;\ t_1 d_{12} + t_2 d_{22} + 0 + \ldots + 0;\ \ldots;\ t_1 d_{1r} + t_2 d_{2r} +$$
$$+ \ldots + t_r d_{rr};\ \ldots\,) = \mathbf{o}$$

B Insgesamt ist der Summenvektor gleich dem Nullvektor, also jede einzelne seiner Komponenten gleich 0. Damit erhalten wir für die ersten r Komponenten:

$$t_1 d_{11} = 0 \qquad\qquad t_1 = 0, \quad \text{da } d_{11} \neq 0$$

$$t_1 d_{12} + t_2 d_{22} = 0 \qquad\qquad t_2 = 0, \quad \text{da } d_{22} \neq 0$$

$$\vdots \qquad\qquad\qquad\qquad \vdots$$

$$t_1 d_{1r} + t_2 d_{2r} + \ldots + t_r d_{rr} = 0 \qquad t_r = 0, \quad \text{da } d_{rr} \neq 0$$

Wegen der ausschließlich trivialen Lösung $t_1 = t_2 = \ldots = t_r = 0$ sind die ersten r Zeilenvektoren linear unabhängig. ∎

Wir kommen nun auf die $(n - r)$ Lösungsvektoren des homogenen (m,n)-Systems zurück, die wir jetzt in umgekehrter Reihenfolge aufschreiben: $x_{n-r}, \ldots, x_2, x_1$. Ihre Matrix können wir auf die gleiche Form bringen wie $A^{(r)}$. Wir führen das aus, indem wir die Komponenten eines jeden Vektors auch in umgekehrter Reihenfolge aufschreiben

$$\begin{pmatrix} 1 & 0 & \ldots & 0 & c_{r,\,n-r} & \cdots & c_{2,\,n-r} & c_{1,\,n-r} \\ 0 & 1 & \ldots & 0 & c_{r,\,n-r+1} & \cdots & c_{2,\,n-r+1} & c_{1,\,n-r+1} \\ \vdots & & & & & & & \vdots \\ 0 & 0 & \ldots & 1 & c_{r1} & \cdots & c_{21} & c_{11} \\ \vdots & & & & & & & \vdots \\ 0 & 0 & \ldots & & & & & \ldots\ 0 \end{pmatrix}$$

Die Hinzunahme der unteren Reihen mit Nullen bewirkt keine Rangänderung der Matrix. Die umgekehrte Reihenfolge der Komponenten eines jeden Zeilenvektors bedeutet die Vertauschung von n Spalten. Spaltenvertauschung ist jedoch nichts anderes als eine Umnumerierung der n Variablen, wodurch sich der Zeilenrang nicht ändert. Damit sind die Lösungsvektoren $x_1, x_2, \ldots, x_{n-r}$ linear unabhängig. Das Gesamtergebnis wollen wir abschließend noch in einem Satz formulieren.

Satz 2.7 Die Lösungsmenge L eines homogenen linearen (m,n)-Systems bildet einen Vektorraum, und zwar einen Unterraum des arithmetischen Vektorraums $\mathbf{R}^n$. Die Dimension s von L ist gleich der Differenz aus der Zahl n der Variablen und dem Zeilenrang r der zugehörigen Koeffizientenmatrix A, d. h. $s = n - r$.

Der Vollständigkeit wegen soll zum Schluß noch gezeigt werden, daß der Zeilenrang und Spaltenrang einer Matrix gleich sind.

Satz 2.8 Der Zeilenrang r einer Matrix A ist gleich dem Spaltenrang k der gleichen Matrix, d. h. $r = k$.

B e w e i s. In Satz 2.5 wurde bewiesen, daß sich bei elementaren Zeilenumformungen der Zeilenrang nicht ändert. Man kann nun zeigen, daß der Beweis ähnlich verläuft wie der des eben erwähnten Satzes und daß sich bei den Zeilenumformungen der zugehörige Spaltenrang auch nicht ändert.

Die zuletzt erhaltene Matrix mit den r Einsen auf der Hauptdiagonalen unterwerfen wir **B**
folgenden elementaren Spaltenumformungen:

a) Multiplikation der 1. Spalte mit $-c_{r,\,n-r}$, Addition der neuen 1. Spalte zur r-ten
Spalte. Damit wird das Element in der 1. Zeile und r-ten Spalte gleich Null.

b) Multiplikation der ursprünglichen 1. Spalte mit $-c_{r-1,\,n-r}$. Addition der neuen
1. Spalte zur $(r + 1)$-ten Spalte. Jetzt verschwindet das Element in der 1. Zeile und
$(r + 1)$-ten Spalte.

In dieser Weise fährt man fort, bis alle Elemente der 1. Zeile außer dem ersten verschwinden.

Die erhaltene Matrix hat dann folgendes Aussehen.

$$
\begin{pmatrix}
1 & 0 & 0 & \ldots & 0 & 0 & & \ldots & 0 & & 0 \\
0 & 1 & 0 & \ldots & 0 & c'_{r,\,n-r+1} & \ldots & & c'_{2,\,n-r+1} & & c'_{1,\,n-r+1} \\
 & \vdots & & & & & & & & & \vdots \\
0 & 0 & 0 & \ldots & 1 & c'_{r1} & & \ldots & c'_{21} & & c'_{11} \\
 & \vdots & & & & & & & & & \vdots \\
0 & 0 & 0 & \ldots & & & & & \ldots & & 0
\end{pmatrix}
$$

In der gleichen Weise verfährt man mit der 2. Spalte, bis alle Elemente der 2. Zeile bis
auf das zweite verschwinden. Das wird fortgesetzt bis zur r-ten Spalte. Durch diese
elementaren Spaltenumformungen ändert sich der Rang der Matrix nicht. Als Ergebnis
erhalten wir folgende Matrix

$$
\text{r-te Zeile} \rightarrow
\begin{pmatrix}
 & & & & \overset{\text{r-te Spalte}}{\downarrow} & & \\
1 & 0 & 0 & \ldots & 0 & \ldots & 0 \\
0 & 1 & 0 & \ldots & 0 & \ldots & 0 \\
 & \vdots & & & & & \vdots \\
0 & 0 & 0 & \ldots & 1 & 0 & \ldots & 0 \\
0 & 0 & 0 & \ldots & & & 0 \\
 & \vdots & & & & & \vdots \\
0 & 0 & \ldots & & & & 0
\end{pmatrix}
$$

Wie man sofort sieht, enthält diese Matrix r Einheitsvektoren als Spaltenvektoren bzw.
Zeilenvektoren, die linear unabhängig sind. Damit ist der Spaltenrang gleich dem
Zeilenrang der Matrix.   ∎

Aufgaben

2.1 Bestimmen Sie die Lösungsmengen der folgenden Gleichungssysteme, indem Sie zur
Lösung elementare Schulkenntnisse verwenden.

B a) $3x + 2y = 7$ b) $2x + 3y + 4z = 10$

$7x - 5y = 55$ $-3x - 2y - 5z = -17$

$6x - 4y + 2z = 26$

$(L = \{(5, -4)\})$ $(L = \{(2, -2, 3)\})$

2.2 a) Stellen Sie ein (2,2)-System auf, dessen Lösungsmenge leer ist.

b) Suchen Sie ein (2,2)-System, dessen Lösungsmenge genau ein Element besitzt.

c) Stellen Sie selbst ein (2,3)-System auf mit unendlich vielen Lösungen.

2.3 Vervollständigen Sie den Beweis in Teil 3 von Satz 2.1.

2.4 Gegeben seien drei Gleichungen:

$$G_1 \quad -2x_1 + 5x_2 + 3x_3 + 4x_4 = -20$$
$$G_2 \quad 3x_1 - 4x_2 - x_3 - 5x_4 = 24$$
$$G_3 \quad 5x_1 - 2x_2 + 2x_3 - 7x_4 = 32$$

Zeigen Sie durch Probieren, daß G_3 von den Gleichungen G_1 und G_2 linear abhängig ist, indem sie geeignete Koeffizienten r und s suchen, so daß $G_3 = r \cdot G_1 + s \cdot G_2$ gilt.

2.5 Bestätigen Sie an dem inhomogenen (3,3)-System von Aufgabe 2.1 b, daß das zugehörige homogene (3,3)-System nur die triviale Lösung $L_h = \{(0, 0, 0)\}$ besitzt.

2.6 Bestimmen Sie nach dem Gaußschen Eliminationsverfahren die Lösungsmenge L.

$$2x_1 - 3x_2 + 5x_3 + x_4 = -2$$
$$-3x_1 + 6x_2 - 2x_3 + 4x_4 = 10$$
$$x_1 + 4x_2 + 3x_3 - 5x_4 = -13$$
$$-x_1 + 5x_2 - x_3 + x_4 = 6 \quad (L = \{(4, 1, -2, 3)\}$$

2.7 Stellen Sie mit Hilfe des Eliminationsverfahrens fest, daß die Lösungsmenge L des folgenden (3,3)-Systems leer ist.

$$-2x_1 - 3x_2 + 4x_3 = 6$$
$$3x_1 + 5x_2 - 6x_3 = 12$$
$$x_1 + 2x_2 - 2x_3 = 20$$

2.8 Ermitteln Sie mit Hilfe des Gaußschen Eliminationsverfahrens, daß die Lösungsmenge des folgenden (3,5)-Systems zweifach unendlich ist.

$$x_1 - x_2 + x_3 - x_4 + x_5 = 8$$
$$2x_1 + x_2 + 3x_3 + 4x_4 - 3x_5 = 6$$
$$-4x_1 - 3x_2 - 2x_3 + 3x_4 + 2x_5 = 10$$

2.9 Stellen Sie fest, durch welche elementaren Umformungen die Matrix A in die Matrix B übergeht.

$$A = \begin{pmatrix} -1 & 3 & 6 & 4 & 2 \\ 5 & 1 & -2 & 3 & 6 \\ 8 & -3 & 2 & -1 & 1 \\ -3 & 2 & 1 & 4 & 3 \end{pmatrix} \qquad B = \begin{pmatrix} -3 & 9 & 18 & 12 & 6 \\ 5 & 1 & -2 & 3 & 6 \\ 8 & -3 & 2 & -1 & 1 \\ 13 & -4 & 5 & 2 & 5 \end{pmatrix}$$

2.10 Bestimmen Sie den Rang r der Matrix A durch elementare Umformungen.

2.3 Lineare Gleichungssysteme in der Sekundarstufe I

In den meisten Mathematikbüchern für die Sekundarstufe I werden lineare Gleichungssysteme an einer bestimmten Stelle innerhalb der Gleichungslehre behandelt. Meistens geht man von (2,2)-Systemen aus, die dann systematisch etwa durch das Einsetzungs-, Gleichsetzungs-, Additions- und Eliminationsverfahren gelöst werden. Innerhalb dieses Vorgehens wird dann noch die zeichnerische Lösung in einem Koordinatensystem eingebaut. Erst zum Schluß werden im Rahmen von Übungsaufgaben Anwendungsbeispiele aufgegriffen, z. B. Bewegungs- und Mischungsaufgaben oder Fälle aus der Geometrie. Hier ist zu überlegen, ob anstelle eines solchen systematischen Vorgehens, das jeglicher Motivation entbehrt, die Behandlung linearer Gleichungen nicht durch Anwendungsaufgaben motiviert wird und dann je nach Art der Probleme angemessene Lösungsverfahren eingeführt werden. Eine solche Möglichkeit soll im folgenden skizziert werden. Vorausgesetzt wird, daß Kenntnisse über Termumformungen und Äquivalenzumformungen von Gleichungen vorhanden sind.

2.3.1 Schnittpunktbestimmung von Geraden

Einstiegbeispiel. Gegeben seien zwei Geraden g_1 und g_2 in der (x,y)-Ebene durch ihre Gleichungen in der Normalform.

$$g_1: \ y = \frac{1}{2} x + 5 \qquad g_2: \ y = -4x - 4$$

Gesucht sind die Koordinaten des Schnittpunkts P von g_1 und g_2.

a) Z e i c h n e r i s c h e   L ö s u n g (s. Fig. 2.1) P(−2,4)

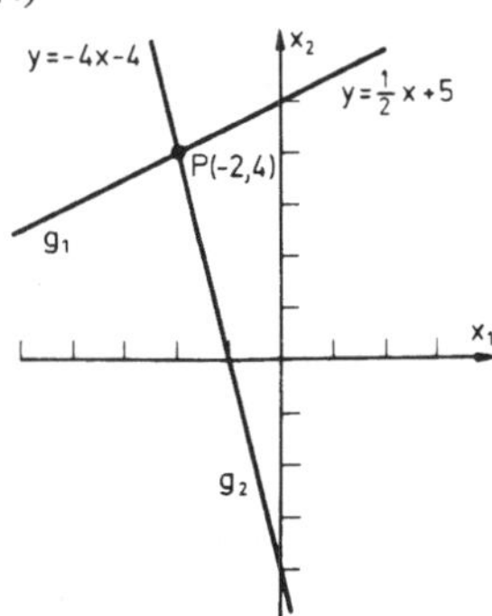

Fig. 2.1

C   b) **Rechnerische Lösung.** In den Fällen, bei denen die Koordinaten des Schnittpunkts P nicht ganzzahlig sind, wird die zeichnerische Lösung nur Näherungswerte liefern. Genauer ist dann die rechnerische Bestimmung. Wir gehen davon aus, daß es einen solchen Schnittpunkt P mit den Koordinaten (x_P, y_P) gibt, für die folgende Gleichungen gelten:

$$y_P = \frac{1}{2} x_P + 5 \qquad \frac{1}{2} x_P + 5 = -4 x_P - 4$$

$$y_P = -4 x_P - 4 \qquad \frac{9}{2} x_P \quad\;\; = -9$$

$$x_P \quad\;\; = -2 \qquad\qquad y_P = 4$$

Bei der Lösung dieser beiden Gleichungen wird man in naiver Weise das Gleichsetzungsverfahren anwenden, das an dieser Stelle den Schülern aber noch nicht bewußt gemacht werden muß. Dieses Einstiegsbeispiel betrifft den Fall der eindeutigen Lösbarkeit bei einem (2,2)-System.

Unter den nachfolgenden Aufgaben sollte sich auch der Fall paralleler Geraden befinden, wie z. B. (s. Fig. 2.2)

$$g_1: \quad 3x + 5y = 10 \qquad\qquad 3 x_P + 5 y_P = 10$$

$$g_2: \quad y \quad\;\; = -\frac{3}{5} x + 3 \qquad\quad y_P \quad\;\; = -\frac{3}{5} x_P + 3$$

$$\overline{\quad 3 x_P + 5 y_P = 10 \quad}$$

$$3 x_P + 5 y_P = 15$$

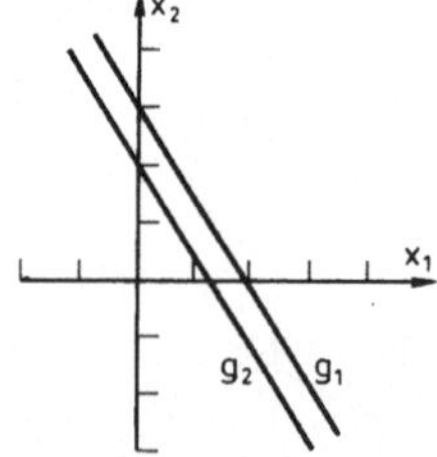

Fig. 2.2

Bei der rechnerischen Auswertung stoßen wir auf einen Widerspruch. Beide Gleichungen sind nicht erfüllbar, da nicht gleichzeitig die Summe $3 x_P + 5 y_P$ gleich 10 und gleich 15 sein kann. Es gibt also keinen gemeinsamen Schnittpunkt der Geraden g_1 und g_2, beide verlaufen parallel.

Es ist zu überlegen, ob man auch die dritte Möglichkeit bei der Lösung eines (2,2)-Systems, nämlich eine unendliche Lösungsmenge, behandelt. Die beiden Gleichungen bezeichnen dann die gleiche Gerade, z. B.

C

$$g_1: \quad y = \frac{4}{5}x + 1$$

$$g_2: \quad -4x + 5y = 5$$

Falls die Schüler Geradengleichungen in vektorieller Form kennen, kann man auch von hier aus den Schnittpunkt bestimmen.

Wir gehen aus von zwei Geraden in der Punktrichtungsform: $x = x_0 + s \cdot a$ (s. Fig. 2.3)

$$g_1: \quad x = (-4, 3) + s\,(4, 2)$$

$$g_2: \quad y = (-1, 0) + t\,(1, -4)$$

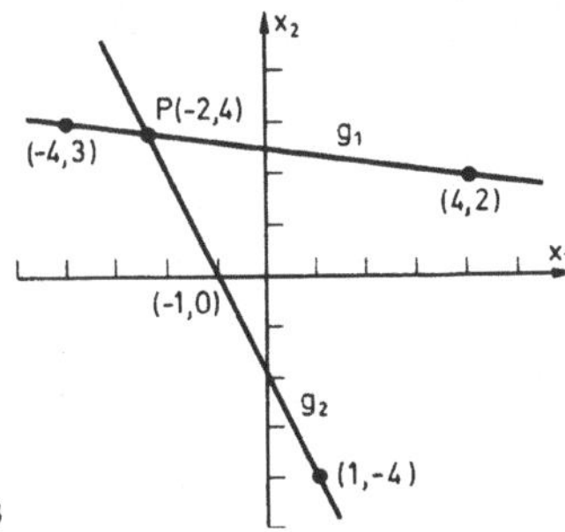

Fig. 2.3

Unter der Annahme, daß ein Schnittpunkt $P(x_P, y_P)$ existiert, erhalten wir

$$x_P = (x_P, y_P) = (-4, 3) + s_P\,(4, 2) \quad \Rightarrow x_P = -4 + 4\,s_P \quad y_P = 3 + 2\,s_P$$

$$y_P = (x_P, y_P) = (-1, 0) + t_P\,(1, -4) \Rightarrow x_P = -1 + t_P \quad\quad y_P = 0 - 4\,t_P$$

$$-4 + 4\,s_P = -1 + t_P$$

$$3 + 2\,s_P = -4\,t_P$$

$$s_P = \frac{1}{2} \quad\quad t_P = -1$$

$$P(-2, 4)$$

Aus dem (2,2)-System erhalten wir die Parameterwerte s_P und t_P, mit denen man dann die Koordinaten des Schnittpunkts P bestimmen kann. In weiteren Beispielen lassen sich dann die oben aufgeführten Fälle behandeln, nämlich leere und unendliche Lösungsmenge.

2.3.2 Bewegungsaufgaben

Nach der Schnittpunktbestimmung könnte man zu Bewegungsaufgaben übergehen, die bei der Lösung fast zwanglos zu linearen Gleichungen führen. Hier ist die Aufstellung von Gleichungen praktisch notwendig, da andere Lösungen zeitlich viel länger dauern und meist nur durch Probieren gefunden werden. An einem Beispiel wollen wir den Lösungsgang erläutern.

C **Aufgabe** Zwei Orte A und B sind 72 km voneinander entfernt. Von diesen fahren zur gleichen Zeit zwei PKW einander entgegen. Der erste fährt mit einer durchschnittlichen Geschwindigkeit von 44 km/h, der zweite mit 64 km/h. Nach welcher Zeit und in welcher Entfernung vom Ort A treffen sie sich?

L ö s u n g (s. Fig. 2.4). Wegen der durchschnittlichen Geschwindigkeiten können wir das Weg-Zeit-Gesetz einer gleichförmigen Bewegung zugrunde legen: $s = v \cdot t$. Nach t Stunden treffen sich beide Fahrer s Kilometer von A entfernt. Nach dem Einsetzungsverfahren folgt

$$
\begin{array}{lll}
1.\,\text{PKW} & s = 44\,t & 72 - 44\,t = 64\,t \\
2.\,\text{PKW} & \underline{72 - s = 64\,t} & 72 \qquad\; = 108\,t \\
& & \dfrac{2}{3} \qquad\; = t \qquad s = 44 \cdot \dfrac{2}{3} = 29\,\dfrac{1}{3}
\end{array}
$$

Beide Fahrer treffen sich 40 min nach dem Start in einer Entfernung von $29\,\dfrac{1}{3}$ km vom Ort A.

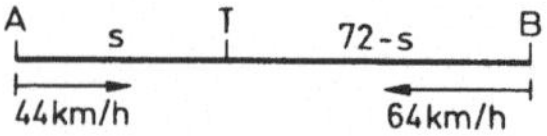

Fig. 2.4

Bei der Lösung dieser Aufgabe ist das Einsetzungsverfahren sehr naheliegend. Bei den meisten Bewegungsaufgaben handelt es sich um die eindeutige Lösung eines (2,2)-Systems. Die anderen Fälle, keine Lösung oder unendlich viele, werden selten oder gar nicht auftreten.

2.3.3 Mischungsaufgaben

Aus dem Anwendungsbereich bieten Mischungsaufgaben eine weitere Möglichkeit, zur Aufstellung und Lösung von linearen Gleichungen zu gelangen. Auch hier soll an einem Beispiel das Vorgehen erläutert werden.

Aufgabe Ein Kaufmann mischt zwei Sorten Kaffee auf zweierlei Weise miteinander.

1. Mischsorte: 48 kg von Sorte A, 32 kg von Sorte B.
Preis der 1. Mischsorte pro kg: 18,40 DM.

2. Mischsorte: 32 kg von Sorte A, 48 kg von Sorte B.

Preis der 2. Mischung pro kg: 17,60 DM.

Was kostet jede Sorte pro Kilogramm?

L ö s u n g. Jede der beiden Mischungen enthält 80 kg. Preis der Sorte A: x_1 DM, der Sorte B: x_2 DM.

$$48\,x_1 + 32\,x_2 = 80 \cdot 18{,}40 \quad \big|: 16 \qquad 3\,x_1 + 2\,x_1 \quad\; = 5 \cdot 18{,}40 \quad \big| \cdot (-2)$$
$$32\,x_1 + 48\,x_2 = 80 \cdot 17{,}60 \quad \big|: 16 \qquad 2\,x_1 + 3\,x_2 \quad\; = 5 \cdot 17{,}60 \quad \big| \cdot 3$$
$$\begin{aligned} -6\,x_1 - 4\,x_2 &= -184 \\ 6\,x_1 + 9\,x_2 &= 264 \end{aligned} \quad \Big| +$$
$$5\,x_2 = 80$$
$$x_2 = 16 \qquad\qquad x_1 = 20$$

C

Ein Kilogramm der Kaffeesorte A kostet 20 DM, der Sorte B 16,– DM.
Durch die Form der beiden Gleichungen bedingt, haben wir das Additionsverfahren zur Lösung der Aufgabe benutzt.

2.3.4 Systematische Lösung von (2,2)- und (3,3)-Systemen nach verschiedenen Verfahren

Nachdem in drei Anwendungsbereichen, es können selbstverständlich auch andere genommen werden, die Behandlung von linearen Gleichungen in der Form von (2,2)-Systemen motiviert wurde, kann auf systematische Weise die Lösung von (2,2)-Systemen in Angriff genommen werden. Vom leichteren Verständnis her gesehen wird man wohl mit dem Einsetzungs- und dem Gleichsetzungsverfahren beginnen, um dann zum Additions- und schließlich zum Eliminationsverfahren überzugehen. Die verschiedenen Fälle für die Lösung eines (2,2)-Systems, eindeutige Lösbarkeit, keine Lösung wegen Widerspruch, unendlich viele Lösungen, sollten an geeigneten Beispielen besprochen werden.

Danach kann der Übergang zu Lösungen von (3,3)-Systemen erfolgen, wobei sich das Eliminationsverfahren als vorteilhaft erweisen dürfte. Es wäre zu überlegen, ob man am Schluß die Lösung nur noch über die Aufstellung und elementare Umformung der zugehörigen Koeffizientenmatrix sucht. Wir bezweifeln die Notwendigkeit, in der Schule lineare Gleichungssysteme mit Hilfe von Determinanten nach der Cramerschen Regel zu lösen. Am Schluß ist es bei den Übungsaufgaben sinnvoll, auch Anwendungsaufgaben, vorwiegend in Textform, wieder aufzunehmen.

Erwägenswert wäre noch, ob man sich auf die Behandlung von (2,2)- und (3,3)-Systemen beschränkt, oder ob man als Abschluß der Gleichungslehre in der Sekundarstufe I exemplarisch mit der ganzen Klasse z. B. noch je eine Aufgabe aus einem (3,4)-System und einem (3,5)-System löst. Auf diese Weise könnte man den Schülern zwar nicht beweisen, wohl aber verdeutlichen, daß man bei n Variablen zur eindeutigen Lösung auch n unabhängige Gleichungen benötigt. Außerdem würden sie dabei sehen, wie man durch Verfügung über einen bzw. zwei freie Parameter beliebig viele Lösungen erhält, die einfach oder zweifach unendlich sind.

3. Lineare Abbildungen von Vektorräumen

 3.1 Beispiel aus dem Handel für lineare Abbildungen und ihre Verknüpfungen

3.1.1 Zusammenhang zwischen linearen Abbildungen und Matrizen

Der Gewürzgroßhändler aus Abschn. 1.1 arbeitet zusammen mit einer Reederei, bei der er für den Transport der Gewürze zwei Typen von Schiffen und im Eilfall auch einen Flugzeugtyp chartern kann. Die Reederei führt in ähnlicher Form Buch über die vom Gewürzgroßhändler gecharterten Transportfahrzeuge wie der Großhändler in Abschn. 1.1.

$$(\ldots\ldots\ldots Sch_1, \ldots\ldots\ldots Sch_2, \ldots\ldots\ldots F)$$

Man erkennt, daß auch diese Art von Buchungen zu einem Vektorraum B führt, denn die Verknüpfungen solcher Buchungsvektoren werden wie in Abschn. 1.1 erklärt.

Die Transportfahrzeuge sind optimal ausgelastet, wenn sie bestimmte Mengen der einzelnen Gewürze transportieren. Zwischen Reederei und Gewürzgroßhändler ist ausgemacht, daß diese optimale Auslastung immer gewährleistet ist. Das bedeutet im einzelnen die Transportsituation von Tab. 3.1.

Tab. 3.1

Schiffstyp 1 (Sch$_1$)	Schiffstyp 2 (Sch$_2$)	Flugzeug (F)
100 t Curry	50 t Curry	3 t Curry
150 t Koriander	70 t Koriander	4 t Koriander
50 t Pfeffer	100 t Pfeffer	15 t Pfeffer
50 t Safran	30 t Safran	5 t Safran

Durch die Abmachung mit der Reederei kann der Gewürzgroßhändler überprüfen, ob seine Eingänge richtig eingetragen sind, wenn er zum Vergleich die Buchungen der Reederei heranzieht. Denn jeder Eintragung der Reederei entspricht eine bestimmte Eintragung des Gewürzgroßhändlers. Das soll am Beispiel der Eintragung

$$(3\ Sch_1, 2\ Sch_2, 2\ F) = \mathbf{a}$$

der Reederei genauer gezeigt werden.

$$
\begin{aligned}
(3\ Sch_1, 2\ Sch_2, 2\ F) \xrightarrow{f}\ & 3 \cdot (100 \cdot 10^3\ C, 150 \cdot 10^3\ K,\ 50 \cdot 10^3\ P, 50 \cdot 10^3\ S) \\
+\ & 2 \cdot (\ 50 \cdot 10^3\ C,\ 70 \cdot 10^3\ K, 100 \cdot 10^3\ P, 30 \cdot 10^3\ S) \\
+\ & 2 \cdot (\ \ 3 \cdot 10^3\ C,\ \ 4 \cdot 10^3\ K,\ 15 \cdot 10^3\ P,\ 5 \cdot 10^3\ S) \\
=\ & (3 \cdot 100 + 2 \cdot 50 + 2 \cdot 3)\, 10^3\ C, (3 \cdot 150 + 2 \cdot 70 + 2 \cdot 4)\, 10^3\ K, \\
& (3 \cdot 50 + 2 \cdot 100 + 2 \cdot 15)\, 10^3\ P, (3 \cdot 50 + 2 \cdot 30 + 2 \cdot 5)\, 10^3\ S \\
=\ & (406 \cdot 10^3\ C, 598 \cdot 10^3\ K, 380 \cdot 10^3\ P, 220 \cdot 10^3\ S) = f(\mathbf{a})
\end{aligned}
$$

Der Abbildungscharakter wird besser hervorgehoben durch die Kurzschreibweise

$$a \to f(a)$$

So kann man mit jeder Buchung der Reederei verfahren. Insgesamt ist auf diese Weise eine Abbildung $B \to V$ erklärt, die jedem Buchungsvektor der Reederei eindeutig einen Warenvektor des Gewürzgroßhändlers zuordnet. Eine solche Abbildung hat besondere Eigenschaften:

a) Wendet man sie auf das Vielfache eines Vektors an, etwa auf $4\,(3\,Sch_1, 2\,Sch_2, 2\,F)$, so ist dem zugeordnet das entsprechende Vielfache des zugehörigen Warenvektors, also

$$4 \cdot (406 \cdot 10^3\,C,\ 598 \cdot 10^3\,K,\ 380 \cdot 10^3\,P,\ 220 \cdot 10^3\,S)$$

wie man leicht nachrechnet. In der Vektorschreibweise lautet diese Zuordnung

$$4\,a \to f(4\,a) = 4\,f(a)$$

Reederei $-----------\to$ Gewürzgroßhändler

$(3\,Sch_1, 2\,Sch_2, 2\,F)$ $\qquad\qquad$ $(406 \cdot 10^3\,C,\ 598 \cdot 10^3\,K,\ 380 \cdot 10^3\,P,\ 220 \cdot 10^3\,S)$

$4\,(3\,Sch_1, 2\,Sch_2, 2\,F) \longrightarrow 4\,(406 \cdot 10^3\,C,\ 598 \cdot 10^3\,K,\ 380 \cdot 10^3\,P,\ 220 \cdot 10^3\,S)$

In Vektorschreibweise sieht das so aus:

$$
\begin{array}{ccc}
a & ----\to & f(a) \\
\downarrow & & \downarrow \\
4\,a & \longrightarrow & f(4\,a) = 4\,f(a)
\end{array}
$$

Die allgemeine Gleichung dazu lautet

$$f(r\,a) = r\,(f(a))$$

b) Bei Summenbildungen ist es gleichgültig, ob man zuerst zwei Buchungen der Reederei addiert und dann zum Warenvektor übergeht, oder ob man zunächst zu den zwei Warenvektoren übergeht und dann deren Summe bildet.

Reederei $---------\to$ Gewürzgroßhändler

$(3\,Sch_1, 2\,Sch_2, 2\,F)$ $\qquad\qquad$ $(406 \cdot 10^3\,C,\ 598 \cdot 10^3\,K,\ 380 \cdot 10^3\,P,\ 220 \cdot 10^3\,S)$
$\quad + \qquad\qquad\qquad\qquad\qquad\qquad\qquad + $
$(5\,Sch_1, 1\,Sch_2, 1\,F)$ $\qquad\qquad$ $(553 \cdot 10^3\,C,\ 824 \cdot 10^3\,K,\ 365 \cdot 10^3\,P,\ 285 \cdot 10^3\,S)$

$(8\,Sch_1, 3\,Sch_2, 3\,F) \longrightarrow (959 \cdot 10^3\,C,\ 1422 \cdot 10^3\,K,\ 745 \cdot 10^3\,P,\ 505 \cdot 10^3\,S)$

Kürzer kann man den Sachverhalt in Vektorschreibweise darstellen

$$
\begin{array}{ccc}
a, b & --\to & f(a), f(b) \\
\downarrow & & \downarrow \\
a + b & \longrightarrow & f(a + b) = f(a) + f(b)
\end{array}
$$

A Der allgemeine Fall drückt sich in folgender Gleichung aus

$$f(a + b) = f(a) + f(b)$$

Eine Abbildung mit den Eigenschaften

a) $f(ra) = r\,f(a)$

b) $f(a + b) = f(a) + f(b)$

heißt l i n e a r.

Sobald man Tab. 3.1 hat, ist die lineare Abbildung festgelegt. Das läßt sich auch so interpretieren: Man faßt Schiffstyp 1, Schiffstyp 2 und Flugzeug auf folgende Art als Basisvektoren in B auf:

$$\text{Schiffstyp 1} \triangleq a_1 = (1\ Sch_1,\ 0\ Sch_2,\ 0\ F)$$
$$\text{Schiffstyp 2} \triangleq a_2 = (0\ Sch_1,\ 1\ Sch_2,\ 0\ F)$$
$$\text{Flugzeug} \quad\triangleq a_3 = (0\ Sch_1,\ 0\ Sch_2,\ 1\ F)$$

Dann kann man Tab. 3.1 in der folgenden Form schreiben:

$$f(a_1) = (100 \cdot 10^3\,C,\ 150 \cdot 10^3\,K,\ \ 50 \cdot 10^3\,P,\ 50 \cdot 10^3\,S)$$
$$f(a_2) = (\ \ 50 \cdot 10^3\,C,\ \ \ 70 \cdot 10^3\,K,\ 100 \cdot 10^3\,P,\ 30 \cdot 10^3\,S)$$
$$f(a_3) = (\ \ \ 3 \cdot 10^3\,C,\ \ \ \ 4 \cdot 10^3\,K,\ \ 15 \cdot 10^3\,P,\ \ 5 \cdot 10^3\,S)$$

Es wird sich zeigen, daß eine lineare Abbildung f: $B \to V$ festgelegt ist, sobald die Bilder der Basisvektoren bekannt sind.

Noch besser läßt sich eine solche lineare Abbildung übersehen, wenn man auch auf den rechten Seiten der letzten Gleichungen die Schreibweise in Basisvektoren von V einführt:

$$\text{1 kg Curry} \quad\triangleq b_1 \text{ mit } b_1 = (1\ C,\ 0\ K,\ 0\ P,\ 0\ S)$$
$$\text{1 kg Koriander} \triangleq b_2 \text{ mit } b_2 = (0\ C,\ 1\ K,\ 0\ P,\ 0\ S)$$
$$\text{1 kg Pfeffer} \quad\triangleq b_3 \text{ mit } b_3 = (0\ C,\ 0\ K,\ 1\ P,\ 0\ S)$$
$$\text{1 kg Safran} \quad\triangleq b_4 \text{ mit } b_4 = (0\ C,\ 0\ K,\ 0\ P,\ 1\ S)$$

Dann lassen sich die drei angesprochenen Gleichungen in folgender Art schreiben:

$$f(a_1) = 100 \cdot 10^3\,b_1 + 150 \cdot 10^3\,b_2 + \ 50 \cdot 10^3\,b_3 + 50 \cdot 10^3\,b_4$$
$$f(a_2) = \ 50 \cdot 10^3\,b_1 + \ 70 \cdot 10^3\,b_2 + 100 \cdot 10^3\,b_3 + 30 \cdot 10^3\,b_4$$
$$f(a_3) = \ \ 3 \cdot 10^3\,b_1 + \ \ 4 \cdot 10^3\,b_2 + \ 15 \cdot 10^3\,b_3 + \ 5 \cdot 10^3\,b_4$$

Sind einmal die beiden Basen (a_1, a_2, a_3) in B und (b_1, b_2, b_3, b_4) in V festgelegt, so kann man die lineare Abbildung durch eine Matrix charakterisieren, in der die Koeffizienten des letzten Gleichungssystems zusammengefaßt sind

$$f: \begin{pmatrix} 100 \cdot 10^3 & 150 \cdot 10^3 & 50 \cdot 10^3 & 50 \cdot 10^3 \\ 50 \cdot 10^3 & 70 \cdot 10^3 & 100 \cdot 10^3 & 30 \cdot 10^3 \\ 3 \cdot 10^3 & 4 \cdot 10^3 & 15 \cdot 10^3 & 5 \cdot 10^3 \end{pmatrix}$$

Ist umgekehrt eine Matrix mit 3 Zeilen und 4 Spalten gegeben, so läßt sie sich als lineare **A**
Abbildung $B \to V$ bei den gegebenen Basen interpretieren.

3.1.2 Verknüpfungen von linearen Abbildungen und zugehörigen Matrizen

Man kann in der üblichen Weise solche linearen Abbildungen addieren und mit Skalaren
multiplizieren und kann danach fragen, wie sich diese Verknüpfungen auf die zugehörigen
Matrizen auswirken. Das wird in Abschn. 3.2 ausführlich getan und muß an dieser Stelle
nicht motiviert werden. Demgegenüber ist wesentlich schwieriger zu übersehen, wie sich
die Hintereinanderausführung von linearen Abbildungen auf die entsprechenden Matrizen
auswirkt.

Dazu muß zunächst einmal eine weitere lineare Abbildung von V in einen anderen Vektorraum vorliegen. Wir stellen hier die Abbildung in den Vektorraum der Preise vor. Jedem Gewürz ist ein bestimmter Einkaufspreis E und Verkaufspreis V zugeordnet. Damit
gehört zu einem festen Warenvektor ein Paar von Preisen, z. B.

$$
\begin{array}{lll}
\text{Curry} & \to (& 4\,E, & 6\,V) \\
\text{Koriander} & \to (& 8\,E, & 12\,V) \\
\text{Pfeffer} & \to (& 3\,E, & 5\,V) \\
\text{Safran} & \to (& 12\,E, & 16\,V)
\end{array}
$$

E steht für Einkaufspreis und V für Verkaufspreis, z. B. kostet 1 kg Curry 4 DM im Einkauf und 6 DM im Verkauf.

Wegen der Analogie zu den Vektorräumen B und V, wird auch jetzt nicht im einzelnen
nachgewiesen, daß die Preispaare einen Vektorraum P bilden. Wie schon bei den Vektorräumen B und V, so gilt auch für P die Bemerkung aus Abschn. 1.1, daß zunächst im
motivierenden Beispiel zwar nur mit ganzen Zahlen multipliziert wird, daß sich der
Skalarenbereich aber sofort erweitern läßt. Eine geeignete Basis in P ist z. B.

$$
\begin{array}{lll}
\text{Einkaufspreis} & \triangleq c_1 & \text{mit } c_1 = (1\,E, 0\,V) \\
\text{Verkaufspreis} & \triangleq c_2 & \text{mit } c_2 = (0\,E, 1\,V)
\end{array}
$$

Wie vorher im einzelnen begründet, empfiehlt sich dann als Schreibweise für die lineare
Abbildung g, die jedem Gewürz Einkaufs- und Verkaufspreis zuordnet, die folgende:

$$
\begin{aligned}
g(b_1) &= 4\,c_1 + 6\,c_2 \\
g(b_2) &= 8\,c_1 + 12\,c_2 \\
g(b_3) &= 3\,c_1 + 5\,c_2 \\
g(b_4) &= 12\,c_1 + 16\,c_2
\end{aligned}
$$

Den Gewürzgroßhändler interessiert für seine Kalkulation die Handelsspanne, also die
Differenz zwischen Einkaufs- und Verkaufspreis für eine Sendung aus Indien. Zur besseren Übersicht stellen wir die zur Rechnung zur Verfügung stehenden Beziehungen
nochmals zusammen:

A   a)

$$1\ \text{Sch}_1 \,\hat{=}\, 100\,t\,C + 150\,t\,K + 50\,t\,P + 50\,t\,S$$

$$1\ \text{Sch}_2 \,\hat{=}\, 50\,t\,C + 70\,t\,K + 100\,t\,P + 30\,t\,S$$

$$1\ F \,\hat{=}\, 3\,t\,C + 4\,t\,K + 15\,t\,P + 5\,t\,S$$

b)

$$1\ \text{kg}\ C \,\hat{=}\, 4\ \text{DM E} + 6\ \text{DM V}$$

$$1\ \text{kg}\ K \,\hat{=}\, 8\ \text{DM E} + 12\ \text{DM V}$$

$$1\ \text{kg}\ P \,\hat{=}\, 3\ \text{DM E} + 5\ \text{DM V}$$

$$1\ \text{kg}\ S \,\hat{=}\, 12\ \text{DM E} + 16\ \text{DM V}$$

A n m e r k u n g. In den letzten Beziehungen, wie auch schon vorher, bezeichnen die „+"-Zeichen die Addition in den Vektorräumen. Es ist also nicht sinnvoll, nur die entsprechenden reinen Zahlen zu addieren.

Er multipliziert nun die Ladung des Sch_1 mit den entsprechenden Einkaufspreisen und erhält so den Einkaufspreis der Ladung von Sch_1. Dann multipliziert er die Ladung von Sch_1 mit den Verkaufspreisen usw. Es ergibt sich

$$1\ \text{Sch}_1 \,\hat{=}\, (100 \cdot 10^3 \cdot 4 + 150 \cdot 10^3 \cdot 8 + 50 \cdot 10^3 \cdot 3 + 50 \cdot 10^3 \cdot 12)\ \text{DM E}$$
$$+ (100 \cdot 10^3 \cdot 6 + 150 \cdot 10^3 \cdot 12 + 50 \cdot 10^3 \cdot 5 + 50 \cdot 10^3 \cdot 16)\ \text{DM V}$$

Er hat also die Koeffizienten der ersten Zeile des Gleichungssystems a) der Reihe nach mit den Koeffizienten der ersten Spalte des Gleichungssystems b) multipliziert und die Produkte addiert, um den Einkaufspreis der Ladung von Sch_1 zu erhalten.

Entsprechend hat erste Zeile von a) mal zweite Spalte von b) den Verkaufspreis der Ladung von Sch_1 ergeben. Entsprechend erhält er

$$1\ \text{Sch}_2 \,\hat{=}\, (50 \cdot 10^3 \cdot 4 + 70 \cdot 10^3 \cdot 8 + 100 \cdot 10^3 \cdot 3 + 30 \cdot 10^3 \cdot 12)\ \text{DM E}$$
$$+ (50 \cdot 10^3 \cdot 6 + 70 \cdot 10^3 \cdot 12 + 100 \cdot 10^3 \cdot 5 + 30 \cdot 10^3 \cdot 16)\ \text{DM V}$$
$$1\ F \phantom{\text{Sch}_2} \,\hat{=}\, (3 \cdot 10^3 \cdot 4 + 4 \cdot 10^3 \cdot 8 + 15 \cdot 10^3 \cdot 3 + 5 \cdot 10^3 \cdot 12)\ \text{DM E}$$
$$+ (3 \cdot 10^3 \cdot 6 + 4 \cdot 10^3 \cdot 12 + 15 \cdot 10^3 \cdot 5 + 5 \cdot 10^3 \cdot 16)\ \text{DM V}$$

Durch diese Art der Multiplikation von Zeilen mit Spalten ist gewährleistet, daß der Gewürzgroßhändler Einkaufs- und Verkaufspreise seiner Indiensendung richtig bestimmt, daß die linearen Abbildungen f und g zu f $\circ$ g richtig zusammengesetzt sind. Es hat sich ergeben

$$[f \circ g]\,(a_1) = 2350 \cdot 10^3\,c_1 + 3450 \cdot 10^3\,c_2$$
$$[f \circ g]\,(a_2) = 1420 \cdot 10^3\,c_1 + 2120 \cdot 10^3\,c_2$$
$$[f \circ g]\,(a_3) = 149 \cdot 10^3\,c_1 + 221 \cdot 10^3\,c_2$$

Will man also das Produkt von Matrizen, die zu den linearen Abbildungen f und g gehören, so erklären, daß sich die Matrix ergibt, die zu f $\circ$ g gehört, so muß man zwangsläufig in der folgenden Weise vorgehen.

Um das Element c_{ik} zu erhalten, das in der Produktmatrix in der i-ten Zeile und der k-ten Spalte steht, muß man die Elemente der i-ten Zeile der zu f gehörenden Matrix der Reihe nach mit den Elementen der k-ten Spalte der zu g gehörenden Matrix multiplizieren und die Produkte addieren

$$
\overset{f}{\begin{pmatrix} 100 \cdot 10^3 & 150 \cdot 10^3 & 50 \cdot 10^3 & 50 \cdot 10^3 \\ 50 \cdot 10^3 & 70 \cdot 10^3 & 100 \cdot 10^3 & 30 \cdot 10^3 \\ 3 \cdot 10^3 & 4 \cdot 10^3 & 15 \cdot 10^3 & 5 \cdot 10^3 \end{pmatrix}} \overset{g}{\begin{pmatrix} 4 & 6 \\ 8 & 12 \\ 3 & 5 \\ 12 & 16 \end{pmatrix}} = \overset{f \circ g}{\begin{pmatrix} 2350 \cdot 10^3 & 3450 \cdot 10^3 \\ 1420 \cdot 10^3 & 2120 \cdot 10^3 \\ 149 \cdot 10^3 & 221 \cdot 10^3 \end{pmatrix}}
$$

Wir weisen darauf hin, daß die der links stehenden Matrix entsprechende Abbildung f: B → V zuerst und dann die der rechts stehenden Matrix entsprechende Abbildung g: V → P ausgeführt wird. Nebenbei stellen wir fest, daß das Produkt aus einer (3,4)-Matrix und einer (4,2)-Matrix eine (3,2)-Matrix ergibt.

3.2 Lineare Abbildungen von Vektorräumen

In diesem Abschnitt sollen zunächst lineare Abbildungen zwischen Vektorräumen definiert werden. Bei gegebenen endlichen Basen in den Vektorräumen lassen sich den linearen Abbildungen bijektiv Matrizen zuordnen. Den Verknüpfungen der Abbildungen (Addition, Multiplikation mit reellen Zahlen, Produkt) kann man sinnvoll Verknüpfungen der entsprechenden Matrizen zuordnen, so daß alle Strukturen erhalten bleiben. Lineare Gleichungssysteme lassen sich als Abbildungen zwischen Vektorräumen auffassen. Dann ist die Matrizenschreibweise das geeignete Hilfsmittel, lineare Gleichungssysteme zu beschreiben. Ein ganzes Gleichungssystem läßt sich durch eine einzige Gleichung erfassen. Die Schreibweise liefert einen Kalkül, mit dem man auf einfache Art Aussagen über die Struktur der Lösungsmenge des linearen Gleichungssystems bekommen kann.

Alle hier vorkommenden Vektorräume sind reell (d. h. der zugrundeliegende Körper ist R) und haben endliche Dimension. Jedem Vektorraum ist eine feste Basis zugeordnet:

$$
\begin{aligned}
&U: && [a_1, a_2, \ldots, a_m] \\
&V: && [b_1, b_2, \ldots, b_n] \\
&W: && [c_1, c_2, \ldots, c_r]
\end{aligned}
$$

Durch einen Basiswechsel würden die Rechnungen nämlich erheblich komplizierter. Der Einfachheit halber werden außerdem in allen drei Vektorräumen die Verknüpfungen mit + und · und die Nullvektoren mit $\vec{o}$ bezeichnet.

3.2.1 Definition der linearen Abbildung zwischen Vektorräumen

Der in Abschn. 3.1.1 vorbereitete Begriff der linearen Abbildung zwischen Vektorräumen soll in der folgenden Definition präzisiert werden.

B **Definition 3.1** Seien U, V zwei Vektorräume. $f : U \to V$ heißt l i n e a r e A b b i l d u n g von U nach V, wenn für alle $\mathbf{a}, \mathbf{b} \in U$ und $r \in \mathbf{R}$ gilt

a) $f(\mathbf{a} + \mathbf{b}) = f(\mathbf{a}) + f(\mathbf{b})$

b) $f(r \cdot \mathbf{a}) = r \cdot f(\mathbf{a})$

Die Begriffe i n j e k t i v , s u r j e k t i v und b i j e k t i v sind allgemein für Abbildungen erklärt und man kann die linearen Abbildungen durch solche Eigenschaften näher charakterisieren.

Satz 3.1 Gleichbedeutend mit den zwei Bedingungen a) und b) der Definition 3.1 ist die Bedingung

c) $f(r_1 \mathbf{d}_1 + r_2 \mathbf{d}_2 + \ldots + r_\varrho \mathbf{d}_\varrho) = r_1 f(\mathbf{d}_1) + r_2 f(\mathbf{d}_2) + \ldots + r_\varrho f(\mathbf{d}_\varrho)$

B e w e i s. a) und b) sind Spezialfälle von c) und deswegen aus c) ableitbar. Sind umgekehrt a) und b) gültig, so wendet man a) mehrmals (vollständige Induktion) auf die linke Seite von c) an

$$f(r_1 \mathbf{d}_1 + r_2 \mathbf{d}_2 + \ldots + r_\varrho \mathbf{d}_\varrho) = f(r_1 \mathbf{d}_1) + f(r_2 \mathbf{d}_2) + \ldots + f(r_\varrho \mathbf{d}_\varrho) \qquad (3.1)$$

Sodann wendet man auf jeden Summanden von (3.1) die Bedingung b) an und erhält die rechte Seite von c). ∎

Um eine Abbildung $U \to V$ zu definieren, muß für jeden Vektor aus U das Bild angegeben werden. Da U aus unendlich vielen Vektoren besteht, kann das eventuell Schwierigkeiten machen. Um lineare Abbildungen zu definieren, gibt man zweckmäßigerweise zunächst die Bilder der endlich vielen Basisvektoren an. So haben wir es auch in Abschn. 3.1.1 (vgl. Tab. 3.1 und ihre Beschreibungen) getan. In dem Beispiel $f \colon U \to V$ sieht das allgemein so aus

$$f(\mathbf{a}_1) = a_{11} \mathbf{b}_1 + a_{12} \mathbf{b}_2 + \ldots + a_{1n} \mathbf{b}_n$$
$$f(\mathbf{a}_2) = a_{21} \mathbf{b}_1 + a_{22} \mathbf{b}_2 + \ldots + a_{2n} \mathbf{b}_n$$
$$\vdots \qquad\qquad \vdots \qquad\qquad (3.2)$$
$$f(\mathbf{a}_m) = a_{m1} \mathbf{b}_1 + a_{m2} \mathbf{b}_2 + \ldots + a_{mn} \mathbf{b}_n$$

Satz 3.2 Sind von einer Abbildung $f \colon U \to V$ nur die Bilder der Basisvektoren von U bekannt, so läßt sie sich zu einer linearen Abbildung $f \colon U \to V$ erweitern, die eindeutig bestimmt ist; dabei geht man folgendermaßen vor:

a) Die Bilder der Elemente von U werden so berechnet, als ob bereits eine lineare Abbildung vorliegt.

b) Hat man gemäß a) zu allen Elementen von U die Bilder festgelegt, so ist die konstruierte Abbildung f linear.

c) Die lineare Abbildung $f \colon U \to V$ ist eindeutig bestimmt.

B e w e i s. a) Das Bild jedes Vektors aus U läßt sich einfach berechnen. $\mathbf{b} \in U$ bedeutet
$$\mathbf{b} = r_1 \mathbf{a}_1 + r_2 \mathbf{a}_2 + \ldots + r_m \mathbf{a}_m$$
also $f(\mathbf{b}) = f(r_1 \mathbf{a}_1 + r_2 \mathbf{a}_2 + \ldots + r_m \mathbf{a}_m) = r_1 f(\mathbf{a}_1) + r_2 f(\mathbf{a}_2) + \ldots + r_m f(\mathbf{a}_m)$

Das Bild f (b) läßt sich auch durch die Basis von V ausdrücken, wenn man die $f(a_i)$ B
durch Gl. (3.2) ersetzt.

$$f(b) = r_1 (a_{11} b_1 + a_{12} b_2 + \ldots + a_{1n} b_n) +$$
$$+ r_2 (a_{21} b_1 + a_{22} b_2 + \ldots + a_{2n} b_n) +$$
$$\vdots \qquad\qquad \vdots$$
$$+ r_m (a_{m1} b_1 + a_{m2} b_2 + \ldots + a_{mn} b_n)$$

Auf Grund der Rechenregeln in V kann man die Koeffizienten der einzelnen Basisvektoren zusammenfassen und erhält

$$f(b) = (r_1 a_{11} + r_2 a_{21} + \ldots + r_m a_{m1}) b_1 +$$
$$+ (r_1 a_{12} + r_2 a_{22} + \ldots + r_m a_{m2}) b_2 +$$
$$\vdots \qquad\qquad \vdots \qquad\qquad (3.3)$$
$$+ (r_1 a_{1n} + r_2 a_{2n} + \ldots + r_m a_{mn}) b_n$$

Abgekürzt schreibt man

$$f(b) = s_1 b_1 + s_2 b_2 + \ldots + s_n b_n$$

b) Daß die Abbildung f tatsächlich linear ist, wird hier nicht im einzelnen ausgeführt, sondern nur angedeutet:

Ist $c = t_1 a_1 + t_2 a_2 + \ldots + t_m a_m$ ein weiterer Vektor von V, so erhält man sein Bild, indem man in Gl. (3.3) die r_i durch die t_i ersetzt.

Da

$$b + c = (r_1 + t_1) a_1 + (r_2 + t_2) a_2 + \ldots + (r_m + t_m) a_m$$

ergibt sich f (b + c), indem man entsprechend die r_i in Gl. (3.3) durch $r_i + t_i$ ersetzt. Zu derselben Summe kommt man aber auch durch Addition der gerade berechneten Bilder von b und c. Daher gilt

$$f(b) + f(c) = f(b + c)$$

Entsprechend weist man die Beziehung f (rb) = rf (b) nach.

c) Die lineare Abbildung f ist eindeutig. Hat man etwa für b zwei verschiedene Bilder gefunden (Koeffizienten einmal s_i, einmal u_i), so ergibt deren Subtraktion

$$f(b) = s_1 b_1 + \ldots + s_n b_n$$
$$\underline{f(b) = u_1 b_1 + \ldots + u_n b_n}$$
$$f(b) - f(b) = (s_1 - u_1) b_1 + \ldots + (s_n - u_n) b_n$$

Da f linear ist, kann man die linke Seite der Gleichung umformen

$$f(b) - f(b) = f(b - b) = f(o) = o$$

Für jede lineare Abbildung gilt nämlich

$$f(-b) = f((-1) b) = (-1) f(b) = -f(b)$$

B   und $f(o) = f(o + o) = f(o) + f(o)$,   d. h. $f(o) = o \in V$

Damit haben wir erhalten

$$o = (s_1 - u_1)\,\mathbf{b}_1 + (s_2 - u_2)\,\mathbf{b}_2 + \ldots + (s_n - u_n)\,\mathbf{b}_n$$

Wegen der linearen Unabhängigkeit der Basisvektoren $\mathbf{b}_i$ folgt $s_1 = u_1$, $s_2 = u_2$, ..., $s_n = u_n$, d. h., $f(\mathbf{b})$ ist eindeutig bestimmt.   ■

Definition 3.2 Sind U und V reelle Vektorräume und ist f eine lineare, bijektive Abbildung von U nach V, so nennt man f einen I s o m o r p h i s m u s von U nach V. Man nennt U und V i s o m o r p h zueinander.

Der Begriff Isomorphismus ist auch bei einfacheren Strukturen, so etwa bei Gruppen, üblich und bezeichnet spezielle bijektive Abbildungen, die strukturerhaltend sind, d. h. die mit den Verknüpfungen verträglich sind. Sind etwa die Strukturen gegeben durch (M, $*$) und (N, $\circ$), so drückt sich die Verknüpfungsverträglichkeit in der Gleichung

$$f(a * b) = f(a) \circ f(b)$$

aus. Man sagt, das Bild der Verknüpfung ist gleich der Verknüpfung der Bilder, und veranschaulicht sich den Sachverhalt auch gern in dem folgenden Diagramm:

$$
\begin{array}{ccc}
(a, b) & \longrightarrow & (f(a), f(b)) \\
\downarrow & & \downarrow \\
a * b & \dashrightarrow & f(a * b) = f(a) \circ f(b)
\end{array}
$$

Bei Vektorräumen wird die geforderte Strukturverträglichkeit gerade durch die linearen Abbildungen geleistet. Man vergleiche etwa das obige Diagramm mit den entsprechenden Diagrammen in Abschn. 3.1.1.

Eine erste wichtige Anwendung des Isomorphiebegriffs steckt in

Satz 3.3 Jeder reelle Vektorraum V der Dimension n ist isomorph zum $\mathbf{R}^n$.

B e w e i s. Zum Beweis wird ein Isomorphismus $f\colon V \to \mathbf{R}^n$ angegeben. Sei $\mathbf{b}_1, \mathbf{b}_2, \ldots, \mathbf{b}_n$ eine Basis von V. Dann läßt sich jeder Vektor $\mathbf{b} \in V$ eindeutig schreiben in der Form

$$\mathbf{b} = r_1\mathbf{b}_1 + r_2\mathbf{b}_2 + \ldots + r_n\mathbf{b}_n$$

Das Bild des Vektors $\mathbf{b}$ in V ist das n-Tupel, das die Koeffizienten der Basisdarstellung als Komponenten hat

$$f(\mathbf{b}) = (r_1, r_2, \ldots, r_n)$$

f ist surjektiv, denn jedes n-Tupel reeller Zahlen $(s_1, s_2, \ldots, s_n)$ ist Bild eines Vektors aus V

$$f(s_1\mathbf{b}_1 + s_2\mathbf{b}_2 + \ldots + s_n\mathbf{b}_n) = (s_1, s_2, \ldots, s_n)$$

f ist injektiv, denn wenn zwei Vektoren aus V verschieden sind, dann stimmen sie in mindestens einem Koeffizienten ihrer Basisdarstellungen nicht überein. Dann sind auch die entsprechenden Komponenten der zugeordneten n-Tupel verschieden. Daß f

linear ist, bestätigen wir durch Nachprüfen der beiden Bedingungen in Definition 3.1. **B**
Dabei sind

$$a = t_1 b_1 + t_2 b_2 + \ldots + t_n b_n$$

und $\quad b = r_1 b_1 + r_2 b_2 + \ldots + r_n b_n$

zwei Vektoren aus V.

a) $f(a + b) = f((t_1 + r_1) b_1 + (t_2 + r_2) b_2 + \ldots + (t_n + r_n) b_n)$ Addition in V

$\qquad\qquad = (t_1 + r_1, t_2 + r_2, \ldots, t_n + r_n)$ Definition von f

$\qquad\qquad = (t_1, t_2, \ldots, t_n) + (r_1, r_2, \ldots, r_n)$ Addition in $\mathbf{R^n}$

$\qquad\qquad = f(a) + f(b)$ Definition von f

b) $f(sa) = f(st_1 b_1 + st_2 b_2 + \ldots + st_n b_n)$ Distributivgesetz in V

$\qquad\quad = (st_1, st_2, \ldots, st_n)$ Definition von f

$\qquad\quad = s(t_1, t_2, \ldots, t_n)$ Multiplikation mit Skalaren in $\mathbf{R^n}$

$\qquad\quad = s f(a)$ Definition von f   ∎

Der Begriff des Isomorphismus ermöglicht es auch, eine vorgelegte Struktur als Vektorraum zu erkennen, ohne daß man die Gültigkeit der einzelnen Axiome nachweisen muß, nachdem der folgende Satz bekannt ist.

Satz 3.4 Sei $(V, +, \cdot)$ ein n-dimensionaler Vektorraum und M eine Menge mit einer inneren Verknüpfung $\circ$. Weiter sei eine Multiplikation von reellen Zahlen (in Zeichen $\odot$) mit den Elementen von M definiert. Gibt es dann eine lineare bijektive Abbildung f von V nach M, so ist f Isomorphismus, M ein Vektorraum und V zu M isomorph.

B e w e i s. Es müßte jetzt die Gültigkeit aller Punkte der Definition 1.1 einzeln nachgewiesen werden. Wir beschränken uns auf den Nachweis der Assoziativität der inneren Verknüpfung und der Distributivregel 2 (D_2) in M durch Ausrechnen.

a, b, c seien Elemente von M. Die Urbildelemente (f ist bijektiv) bezüglich f seien a_1, b_1 und c_1. Weiter seien r, s reelle Zahlen.

$$f^{-1}(a) = a_1 \qquad f^{-1}(b) = b_1 \qquad f^{-1}(c) = c_1$$
$$f(a_1) = a \qquad\quad f(b_1) = b \qquad\quad f(c_1) = c$$

a) Assoziativregel in M

$$(a \circ b) \circ c = [f(a_1) \circ f(b_1)] \circ f(c_1)$$ f bijektiv

$\qquad\qquad = f(a_1 + b_1) + f(c_1)$ f linear

$\qquad\qquad = f[(a_1 + b_1) + c_1]$ f linear

$\qquad\qquad = f[a_1 + (b_1 + c_1)]$ Assoziativität in V

$\qquad\qquad = f(a_1) \circ f(b_1 + c_1)$ f linear

$\qquad\qquad = f(a_1) \circ [f(b_1) \circ f(c_1)]$ f linear

$\qquad\qquad = a \circ (b \circ c)$ Definition von f

B b) Distributivregel 2 in M:

$$
\begin{aligned}
(r + s) \odot a &= (r + s) \odot f(a_1) && \text{f bijektiv} \\
&= f[(r + s)\, a_1] && \text{f linear} \\
&= f(ra_1 + sa_1) && (D_2) \text{ in V} \\
&= f(ra_1) \circ f(sa_1) && \text{f linear} \\
&= [r \odot f(a_1)] \circ [s \odot f(a_1)] && \text{f linear} \\
&= (r \odot a) \circ (s \odot a) && \text{Definition von f}
\end{aligned}
$$

Die **M e n g e   d e r   l i n e a r e n   A b b i l d u n g e n** von U nach V bezeichnen wir mit LA (U, V), d. h.

$$
\text{LA}(U, V) = \{\, f \mid f\colon U \to V,\ f \text{ ist linear} \}
$$

Satz 3.5 LA (U, V) ist mit den üblichen Verknüpfungen ein Vektorraum.

B e w e i s. Für Abbildungen zwischen Vektorräumen wird ganz analog zu Beispiel 1.7 eine Addition und eine Multiplikation mit reellen Zahlen erklärt:

$$
\begin{aligned}
(f + g)(a) &= f(a) + g(a) \\
[rf](a) &= r \cdot [f(a)]
\end{aligned}
$$

Ebenso wie im Beispiel 1.7 die reellen Funktionen auf einem Intervall [a, b], so bildet auch die Menge aller Abbildungen zwischen zwei Vektorräumen selbst einen Vektorraum bezüglich der oben erklärten Verknüpfungen. Die linearen Abbildungen sind eine Teilmenge dieses Vektorraums. Um zu zeigen, daß sie selbst einen Vektorraum bilden, wenden wir das Untervektorraumkriterium (Satz 1.1) an. Die Teilmenge der linearen Abbildungen ist nicht leer, denn sie enthält mindestens die Abbildung 0, die alle Elemente von U auf den Nullvektor von V abbildet. Es gelten nämlich die beiden Bedingungen der Definition 3.1

$$
\begin{aligned}
0\,(a + b) &= o = o + o = 0\,(a) + 0\,(b) \\
0\,(ra) &= o = ro = r\,0\,(a)
\end{aligned}
$$

Wir müssen also nur noch nachweisen, daß mit f und g auch f + g und r · f lineare Abbildungen von U nach V sind. Es sei a, b $\in$ U und r, s $\in$ **R**.

1. f + g ist linear

$$
\begin{aligned}
\text{a)} \quad [f + g](a + b) &= f(a + b) + g(a + b) && \text{Addition von Funktionen} \\
&= [f(a) + f(b)] + [g(a) + g(b)] && \text{f, g linear} \\
&= [f(a) + g(a)] + [f(b) + g(b)] && \text{V Vektorraum} \\
&= [f + g](a) + [f + g](b) && \text{Addition von Funktionen}
\end{aligned}
$$

$$
\begin{aligned}
\text{b)} \quad [f + g](ra) &= f(ra) + g(ra) && \text{Addition von Funktionen} \\
&= r \cdot f(a) + r\, g(a) && \text{f, g linear}
\end{aligned}
$$

$$= r\,[f(a) + g(a)] \qquad \text{V Vektorraum}$$
$$= r \cdot [f + g]\,(a) \qquad \text{Addition von Funktionen}$$

2. $r \cdot f$ ist linear

a) $\quad [r \cdot f]\,(a + b) \; = r \cdot f\,(a + b) \qquad$ Multiplikation von Funktionen mit reellen Zahlen

$$= r \cdot [f(a) + f(b)] \qquad \text{f linear}$$
$$= r \cdot f(a) + r \cdot f(b) \qquad \text{V Vektorraum}$$
$$= [r \cdot f]\,(s) + [r \cdot f]\,(b) \qquad \text{Multiplikation von Funktionen mit reellen Zahlen}$$

b) $\quad r \cdot f\,(sa) \qquad = r \cdot f\,(sa) \qquad$ Multiplikation von Funktionen mit reellen Zahlen

$$= r \cdot [s \cdot f(a)] \qquad \text{f linear}$$
$$= s \cdot [r \cdot f(a)] \qquad \text{V Vektorraum}$$
$$= s \cdot \{[r \cdot f]\,(a)\} \qquad \text{Multiplikation von Funktionen mit reellen Zahlen}$$

∎

3.2.2 Zusammenhang zwischen linearen Abbildungen und Matrizen

Durch Satz 3.2 ist eine lineare Abbildung $f: U \to V$ durch die Koeffizienten a_{ik} ($i = 1, \ldots, m; k = 1, \ldots, n$) in Gl. (3.2) eindeutig bestimmt. Daher ist es sinnvoll, der linearen Abbildung f die entsprechende Koeffizientenmatrix (a_{ik}) zuzuordnen. Ist umgekehrt eine andere (m,n)-Matrix (b_{ik}) gegeben, so läßt sich ihr sofort eindeutig eine lineare Abbildung $g: U \to V$ zuordnen. Man setze nur in Gl. (3.2) für die a_{ik} die b_{ik} ein. Das ergibt

Satz 3.6 Es besteht eine bijektive Zuordnung zwischen der Menge der (m,n)-Matrizen und der Menge der linearen Abbildungen LA (U, V).

Der Gedanke liegt nahe, die bekannten Verknüpfungen von Abbildungen auf Matrizen zu übertragen und Verknüpfungen der Matrizen dadurch so zu definieren, daß Verträglichkeit mit den Abbildungsverknüpfungen besteht.

a) Die erste Frage auf dem Wege dahin heißt: Wie drückt sich die Addition von linearen Abbildungen in den entsprechenden Matrizen aus?

zugehörige Matrix

$$f: \quad \begin{aligned} f(a_1) &= a_{11}b_1 + a_{12}b_2 + \ldots + a_{1n}b_n \\ f(a_2) &= a_{21}b_1 + a_{22}b_2 + \ldots + a_{2n}b_n \\ &\;\;\vdots \qquad \vdots \\ f(a_m) &= a_{m1}b_1 + a_{m2}b_2 + \ldots + a_{mn}b_n \end{aligned} \qquad \begin{pmatrix} a_{11} & a_{12} & \cdots & a_{1n} \\ a_{21} & a_{22} & \cdots & a_{2n} \\ \vdots & & & \vdots \\ a_{m1} & a_{m2} & \cdots & a_{mn} \end{pmatrix}$$

B

$$g: \quad \begin{aligned} g(a_1) &= b_{11}b_1 + b_{12}b_2 + \ldots + b_{1n}b_n \\ g(a_2) &= b_{21}b_1 + b_{22}b_2 + \ldots + b_{2n}b_n \\ &\vdots \qquad \vdots \\ g(a_m) &= b_{m1}b_1 + b_{m2}b_2 + \ldots + b_{mn}b_n \end{aligned} \qquad \begin{pmatrix} b_{11} & b_{12} \ldots b_{1n} \\ b_{21} & b_{22} \ldots b_{2n} \\ \vdots & \vdots \\ b_{m1} & b_{m2} \ldots b_{mn} \end{pmatrix}$$

$$(f + g)(a_1) = f(a_1) + g(a_1) \qquad \text{Addition von Abbildungen}$$

$$= a_{11}b_1 + a_{12}b_2 + \ldots + a_{1n}b_n + b_{11}b_1 + \qquad \text{Assoziativität in V}$$
$$+ b_{12}b_2 + \ldots + b_{1n}b_n$$

$$= (a_{11} + b_{11})b_1 + (a_{12} + b_{12})b_2 + \ldots + \qquad \text{Kommutativität,}$$
$$+ (a_{1n} + b_{1n})b_n \qquad \text{Assoziativität in V}$$

Entsprechend berechnet man die Bilder von $a_2, a_3, \ldots, a_m$. Es ergibt sich

$$f + g: \quad \begin{aligned} (f + g)(a_1) &= (a_{11} + b_{11})b_1 + (a_{12} + b_{12})b_2 + \ldots + (a_{1n} + b_{1n})b_n \\ (f + g)(a_2) &= (a_{21} + b_{21})b_1 + (a_{22} + b_{22})b_2 + \ldots + (a_{2n} + b_{2n})b_n \\ &\vdots \qquad \qquad \vdots \\ (f + g)(a_m) &= (a_{m1} + b_{m1})b_1 + (a_{m2} + b_{m2})b_2 + \ldots + (a_{mn} + b_{mn})b_n \end{aligned}$$

Dazu gehört die Matrix

$$\begin{pmatrix} a_{11} + b_{11} & a_{12} + b_{12} & \ldots & a_{1n} + b_{1n} \\ a_{21} + b_{21} & a_{22} + b_{22} & \ldots & a_{2n} + b_{2n} \\ \vdots & & & \vdots \\ a_{m1} + b_{m1} & a_{m2} + b_{m2} & \ldots & a_{mn} + b_{mn} \end{pmatrix}$$

Die zu $f + g$ gehörende (m,n)-Matrix erhält man also dadurch, daß man aus den Elementen $a_{ik} + b_{ik}$ die Matrix $(a_{ik} + b_{ik})$ bildet.

b) Die zweite Frage lautet: Wie finden wir die zu $r \cdot f$ gehörende Matrix?

$$[r \cdot f](a_1) = r \cdot f(a_1) \qquad \text{Multiplikation von Abbildungen mit}$$
$$= (ra_{11})b_1 + (ra_{12})b_2 + \ldots + (ra_{1n})b_n \qquad \text{reellen Zahlen}$$

Entsprechend berechnet man die Bilder von $a_2, a_3, \ldots, a_m$. Es ergibt sich

$$\begin{aligned} rf(a_1) &= ra_{11}b_1 + ra_{12}b_2 + \ldots + ra_{1n}b_n \\ rf(a_2) &= ra_{21}b_1 + ra_{22}b_2 + \ldots + ra_{2n}b_n \\ &\vdots \qquad \qquad \vdots \\ rf(a_m) &= ra_{m1}b_1 + ra_{m2}b_2 + \ldots + ra_{mn}b_n \end{aligned} \qquad \begin{pmatrix} ra_{11} & ra_{12} \ldots ra_{1n} \\ ra_{21} & ra_{22} \ldots ra_{2n} \\ \vdots & \vdots \\ ra_{m1} & ra_{m2} \ldots ra_{mn} \end{pmatrix}$$

Die zu rf gehörende (m,n)-Matrix erhält man demnach, indem man aus den Elementen ra_{ik} die Matrix (ra_{ik}) bildet. Damit ist für (m,n)-Matrizen eine Addition und eine Multiplikation mit reellen Zahlen folgendermaßen erklärt:

$$\begin{pmatrix} a_{11} & a_{12} \ldots a_{1n} \\ a_{21} & a_{22} \ldots a_{2n} \\ \vdots & \\ a_{m1} & a_{m2} \ldots a_{mn} \end{pmatrix} + \begin{pmatrix} b_{11} & b_{12} \ldots b_{1n} \\ b_{21} & b_{22} \ldots b_{2n} \\ \vdots & \\ b_{m1} & b_{m2} \ldots b_{mn} \end{pmatrix} = \begin{pmatrix} a_{11}+b_{11} & a_{12}+b_{12} \ldots a_{1n}+b_{1n} \\ a_{21}+b_{21} & a_{22}+b_{22} \ldots a_{2n}+b_{2n} \\ \vdots & \\ a_{m1}+b_{m1} & a_{m2}+b_{m2} \ldots a_{mn}+b_{mn} \end{pmatrix} \mathsf{B}$$

$$r \cdot \begin{pmatrix} a_{11} & a_{12} \ldots a_{1n} \\ a_{21} & a_{22} \ldots a_{2n} \\ \vdots & \\ a_{m1} & a_{m2} \ldots a_{mn} \end{pmatrix} = \begin{pmatrix} ra_{11} & ra_{12} \ldots ra_{1n} \\ ra_{21} & ra_{22} \ldots ra_{2n} \\ \vdots & \\ ra_{m1} & ra_{m2} \ldots ra_{mn} \end{pmatrix}$$

Man schreibt gerne kürzer

$$(a_{ik}) + (b_{ik}) = (a_{ik} + b_{ik})$$
$$\text{und} \qquad r\,(a_{ik}) \qquad = (ra_{ik}) \tag{3.4}$$

Auch in der letzten Schreibweise bringt man zum Ausdruck, daß man bei der Addition von Matrizen die Elemente, die jeweils an entsprechenden Stellen stehen, addiert, während eine Matrix mit einer reellen Zahl multipliziert wird, indem jedes einzelne Element mit der Zahl multipliziert wird. Erklärt man die Verknüpfungen von (m,n)-Matrizen in der eben beschriebenen Weise, so entsprechen diesen Verknüpfungen die Verknüpfungen der nach Satz 3.6 bijektiv zugeordneten linearen Abbildungen. Insgesamt haben wir also eine bijektive, strukturverträgliche (lineare) Abbildung von LA (U, V) auf die Menge der (m,n)-Matrizen konstruiert. Nach Satz 3.4 bilden die (m,n)-Matrizen bezüglich der in Gl. (3.4) erklärten Verknüpfungen einen Vektorraum.

c) Als weitere Verknüpfung von Abbildungen ist das Abbildungsprodukt (Hintereinanderausführung) bekannt, d. h. $(f \circ h)\,(a) = h\,(f\,(a))$. Wir benötigen also neben der linearen Abbildung f: U → V noch eine zweite lineare Abbildung h: V → W. Es ergibt sich

$$\begin{aligned} f: \quad & f(a_1) = a_{11}b_1 + a_{12}b_2 + \ldots + a_{1n}b_n \\ & f(a_2) = a_{21}b_1 + a_{22}b_2 + \ldots + a_{2n}b_n \\ & \qquad \vdots \qquad\qquad \vdots \\ & f(a_m) = a_{m1}b_1 + a_{m2}b_2 + \ldots + a_{mn}b_n \end{aligned} \qquad \begin{pmatrix} a_{11} & a_{12} \ldots a_{1n} \\ a_{21} & a_{22} \ldots a_{2n} \\ \vdots & \\ a_{m1} & a_{m2} \ldots a_{mn} \end{pmatrix}$$

$$\begin{aligned} h: \quad & h(b_1) = c_{11}c_1 + c_{12}c_2 + \ldots + c_{1r}c_r \\ & h(b_2) = c_{21}c_1 + c_{22}c_2 + \ldots + c_{2r}c_r \\ & \qquad \vdots \qquad\qquad \vdots \\ & h(b_n) = c_{n1}c_1 + c_{n2}c_2 + \ldots + c_{nr}c_r \end{aligned} \qquad \begin{pmatrix} c_{11} & c_{12} \ldots c_{1r} \\ c_{21} & c_{22} \ldots c_{2r} \\ \vdots & \\ c_{n1} & c_{n2} \ldots c_{nr} \end{pmatrix}$$

Wieder berechnen wir zunächst $(f \circ h)\,(a_1)$:

$$\begin{aligned} (f \circ h)\,a_1 &= h\,(f\,(a_1)) \\ &= h\,(a_{11}b_1 + a_{12}b_2 + \ldots + a_{1n}b) \\ &= a_{11}h\,(b_1) + a_{12}h\,(b_2) + \ldots + a_{1n}h\,(b_n) \qquad \text{h linear} \end{aligned}$$

B

$$= a_{11} (c_{11}c_1 + c_{12}c_2 + \ldots + c_{1r}c_r) +$$
$$+ a_{12} (c_{21}c_1 + c_{22}c_2 + \ldots + c_{2r}c_r) +$$
$$\vdots$$
$$+ a_{1n} (c_{n1}c_1 + c_{n2}c_2 + \ldots + c_{nr}c_r)$$
$$= (a_{11}c_{11} + a_{12}c_{21} + \ldots + a_{1n}c_{n1})\, c_1 +$$
$$+ (a_{11}c_{12} + a_{12}c_{22} + \ldots + a_{1n}c_{n2})\, c_2 +$$
$$\vdots$$
$$+ (a_{11}c_{1r} + a_{12}c_{2r} + \ldots + a_{1n}c_{nr})\, c_r$$

Zusammenfassung der Koeffizienten von c; nach Rechenregeln in W

Das Abbildungsprodukt führt so auf eine etwas merkwürdige Art, das Produkt von Matrizen zu bilden. Diese wurde in Abschn. 3.1 ausführlich zu motivieren versucht und wird an dieser Stelle in Summenschreibweise angegeben.

$$(f \circ h)\,(a_1) \;=\; \sum_{i=1}^{n} a_{1i}c_{i1}c_1 + \sum_{i=1}^{n} a_{1i}c_{i2}c_2 + \ldots + \sum_{i=1}^{n} a_{1i}c_{ir}c_r$$

$$(f \circ h)\,(a_2) \;=\; \sum_{i=1}^{n} a_{2i}c_{i1}c_1 + \sum_{i=1}^{n} a_{2i}c_{i2}c_2 + \ldots + \sum_{i=1}^{n} a_{2i}c_{ir}c_r$$

$$\vdots \qquad\qquad \vdots$$

$$(f \circ h)\,(a_m) \;=\; \sum_{i=1}^{n} a_{mi}c_{ir}c_1 + \sum_{i=1}^{n} a_{mi}c_{i2}c_2 + \ldots + \sum_{i=1}^{n} a_{mi}c_{ir}c_r$$

Die zugehörige Matrix lautet

$$\begin{pmatrix} \displaystyle\sum_{i=1}^{n} a_{1i}c_{i1} & \cdots & \displaystyle\sum_{i=1}^{n} a_{1i}c_{ir} \\ \vdots & & \vdots \\ \displaystyle\sum_{i=1}^{n} a_{mi}c_{i1} & \cdots & \displaystyle\sum_{i=1}^{n} a_{mi}c_{ir} \end{pmatrix}$$

Anders als in den Fällen a) und b) kann man hieraus keine Struktur in der Menge der (m,n)-Matrizen ableiten, da ja nicht beide zu f und h gehörigen Matrizen (m,n)-Matrizen sind. Die angegebene Art, Matrizen zu multiplizieren, wird aber bei der Anwendung auf lineare Gleichungssysteme verwendet und soll daher ausführlich besprochen werden.

3.2.3 Strukturen in der Menge der Matrizen

Die reichlich komplizierten Gleichungssysteme in Abschn. 3.2.2 lassen sich wesentlich vereinfachen durch die Summenschreibweise und die Benutzung des Begriffs Skalarprodukt. Da diese Begriffe auch im folgenden Abschnitt erheblich zur vereinfachten Schreibweise beitragen, sollen sie hier kurz zusammengestellt werden.

1. Definition

$$\sum_{i=1}^{n} a_i = a_1 + a_2 + \ldots + a_n$$

2. Addition von Summen

$$\sum_{i=1}^{n} a_{1i} + \sum_{i=1}^{n} a_{2i} + \ldots + \sum_{i=1}^{n} a_{ki} = \sum_{i=1}^{n} (a_{1i} + a_{2i} + \ldots + a_{ki})$$

3. konstanter Faktor

$$\sum_{i=1}^{n} k a_i = k \sum_{i=1}^{n} a_i$$

4. Doppelsummen

$$\sum_{i=1}^{n} \left(\sum_{k=1}^{m} a_{ik} \right) = \sum_{k=1}^{m} \left(\sum_{i=1}^{n} a_{ik} \right) = \sum_{k=1}^{m} \sum_{i=1}^{n} a_{ik}$$

(i, k durchlaufen unabhängig voneinander ihre Definitionsbereiche)

Spezialfall: $\displaystyle\sum_{k=1}^{2} \sum_{i=1}^{3} a_{ik} = a_{11} + a_{12} + a_{21} + a_{22} + a_{31} + a_{32}$

5. Produktregel

$$\left(\sum_{i=1}^{n} a_i \right) \left(\sum_{i=1}^{m} b_i \right) = \sum_{i=1}^{n} \sum_{k=1}^{m} a_i b_k$$

6. Skalarprodukt

$$(a_1, \ldots, a_n)(b_1, \ldots, b_n) = \sum_{i=1}^{n} a_i b_i$$

Der Begriff des Skalarproduktes hat eine wesentliche inhaltliche Bedeutung, die aber im Rahmen dieses Buches nicht erörtert werden kann. Für uns ist das Skalarprodukt lediglich eine Sprechweise: Man kann eine Multiplikation von n-Tupeln erklären, indem man ihre entsprechenden Komponenten multipliziert und die Produkte addiert. Das Ergebnis ist eine reelle Zahl, ein Skalar, daher der Name Skalarprodukt. Für uns ist es dabei unerheblich, ob die n-Tupel als Zeilen oder Spalten geschrieben werden. So kann man beispielsweise eine Zeile einer Matrix mit der Spalte einer anderen Matrix multiplizieren, wenn nur die Anzahl der Elemente von Zeile und Spalte übereinstimmen.

B e i s p i e l

$$(3 \quad 4 \quad 5) \begin{pmatrix} 2 \\ 6 \\ 7 \end{pmatrix} = 3 \cdot 2 + 4 \cdot 6 + 5 \cdot 7 = 65 = (3 \quad 4 \quad 5)(2 \quad 6 \quad 7)$$

B **3.2.3.1 Rechenregeln für Matrizenverknüpfungen** Zunächst wird erklärt, welche Matrizentypen man überhaupt in der in Abschn. 3.2.3 angegebenen Art miteinander multiplizieren kann. Hat man eine (m,n)-Matrix, so bedeutet das, daß die zugehörige lineare Abbildung einen m-dimensionalen Vektorraum in einen n-dimensionalen Vektorraum abbildet. Die der zweiten Matrix zugeordnete Abbildung muß also auf einem n-dimensionalen Vektorraum definiert sein. Damit muß die zweite Matrix eine (n,r)-Matrix sein.

Definition 3.3 Das Produkt einer (m,n)-Matrix A mit einer (n,r)-Matrix B ist eine (m,r)-Matrix C, deren Elemente c_{ik} Skalarprodukte sind. Genauer ist c_{ik} das Produkt der i-ten Zeile der Matrix A mit der k-ten Spalte der Matrix B.

$$
m \left\{ \quad {}^{i}\begin{pmatrix} a_{i1} & a_{i2} & \cdots & a_{in} \end{pmatrix} \right. \underbrace{\qquad}_{n} \cdot \left. \begin{pmatrix} \cdots b_{1k} \cdots \\ b_{2k} \\ \vdots \\ b_{nk} \end{pmatrix} \right\}_{n} \underbrace{\qquad}_{r} = \begin{pmatrix} \cdots c_{ik} \cdots \end{pmatrix}{}^{i} \left. \right\} m
$$

Für c_{ik} gilt somit

$$a_{i1} \cdot b_{1k} + a_{i2} \cdot b_{2k} + \ldots + a_{in} \cdot b_{nk} = c_{ik}$$

$$\sum_{j=1}^{n} a_{ij} \cdot b_{jk} = c_{ik}$$

Allgemein ergibt sich

$$A \cdot B = C = (c_{ik}) = \sum_{j=1}^{n} a_{ij} b_{jk}$$

$$
= \begin{pmatrix}
\sum_{j=1}^{n} a_{1j} b_{j1} & \sum_{j=1}^{n} a_{1j} b_{j2} & \cdots & \sum_{j=1}^{n} a_{1j} b_{jr} \\
\sum_{j=1}^{n} a_{2j} b_{j1} & \sum_{j=1}^{n} a_{2j} b_{j2} & \cdots & \sum_{j=1}^{n} a_{2j} b_{jr} \\
\vdots & & & \vdots \\
\sum_{j=1}^{n} a_{mj} b_{j1} & \sum_{j=1}^{n} a_{mj} b_{j2} & \cdots & \sum_{j=1}^{n} a_{mj} b_{jr}
\end{pmatrix}
$$

Beispiel

$$A = \begin{pmatrix} 1 & 2 & 3 \\ 4 & 5 & 6 \end{pmatrix} \qquad B = \begin{pmatrix} 7 & 1 & 4 & 7 \\ 8 & 2 & 5 & 8 \\ 9 & 3 & 6 & 9 \end{pmatrix}$$

B hat soviele Zeilen wie A Spalten, also ist die Multiplikation durchführbar: $A \cdot B = C$ **B**

$$c_{11} = 1 \cdot 7 + 2 \cdot 8 + 3 \cdot 9 = 50$$

$$c_{12} = 1 \cdot 1 + 2 \cdot 2 + 3 \cdot 3 = 14$$

$$c_{21} = 4 \cdot 7 + 5 \cdot 8 + 6 \cdot 9 = 122$$

$$\begin{pmatrix} 1 & 2 & 3 \\ 4 & 5 & 6 \end{pmatrix} \cdot \begin{pmatrix} 7 & 1 & 4 & 7 \\ 8 & 2 & 5 & 8 \\ 9 & 3 & 6 & 9 \end{pmatrix} = \begin{pmatrix} 50 & 14 & 32 & 50 \\ 122 & 32 & 77 & 122 \end{pmatrix}$$

Satz 3.7 Für Matrizenverknüpfungen gelten folgende Rechenregeln

(A·) Assoziativgesetz:	$A(B \cdot C)$	$= (A \cdot B) C$	(3.5)
(D_1) Distributivgesetz 1:	$A(B + C)$	$= AB + BC$	(3.6)
(D_2) Distributivgesetz 2:	$(A + B) C$	$= AC + BC$	(3.7)
	$r(AB) = (rA) B$	$= A(rB)$	(3.8)

Die Gesetze gelten natürlich nur, wenn die Matrizen A, B und C jeweils soviele Zeilen und Spalten haben, daß die Produkte auf beiden Seiten ausführbar sind.

B e w e i s. Die Beweise werden in der kurzen Summenschreibweise durchgeführt. Im Zweifelsfall sollte man sofort die Beispiele nebenherrechnen.

a) Es sei A eine (m,n)-Matrix, B eine (n,p)-Matrix und C eine (p,r)-Matrix. Für die linke Seite von Gl. (3.5) ergibt sich dann

$$A \cdot \left(\sum_{j=1}^{p} b_{\varrho j} c_{jk} \right) = \left(\sum_{l=1}^{n} a_{i\varrho} \sum_{j=1}^{p} b_{\varrho j} c_{jk} \right)$$

$$= \begin{pmatrix} \sum a_{i\varrho} \, b_{\varrho j} \, c_{jk} \\ \varrho = 1, \ldots, n \\ j = 1, \ldots, p \end{pmatrix}$$

Für die rechte Seite gilt

$$\left(\sum_{\varrho=1}^{n} a_{i\varrho} b_{\varrho j} \right) C = \left(\sum_{j=1}^{p} \sum_{l=1}^{n} a_{i\varrho} b_{\varrho j} \; c_{jk} \right)$$

$$= \begin{pmatrix} \sum a_{i\varrho} \, b_{\varrho j} \, c_{jk} \\ j = 1, \ldots, p \\ \varrho = 1, \ldots, n \end{pmatrix}$$

B e i s p i e l zu Gl. (3.5)

$$A = \begin{pmatrix} 1 & 2 & 3 \\ 4 & 5 & 6 \end{pmatrix} \qquad B = \begin{pmatrix} 1 & 2 \\ 3 & 4 \\ 5 & 6 \end{pmatrix} \qquad C = \begin{pmatrix} 7 & 8 \\ 9 & 10 \end{pmatrix}$$

$$(AB) C = \begin{pmatrix} 22 & 28 \\ 49 & 64 \end{pmatrix} \begin{pmatrix} 7 & 8 \\ 9 & 10 \end{pmatrix} = \begin{pmatrix} 7 \cdot 22 + 28 \cdot 9 & 22 \cdot 8 + 28 \cdot 10 \\ 49 \cdot 7 + 64 \cdot 9 & 49 \cdot 8 + 64 \cdot 10 \end{pmatrix}$$

B

$$A\,(BC) = \begin{pmatrix} 1 & 2 & 3 \\ & & \\ 4 & 5 & 6 \end{pmatrix} \begin{pmatrix} 25 & 28 \\ 57 & 64 \\ 89 & 100 \end{pmatrix}$$

$$= \begin{pmatrix} 1\cdot 25 + 2\cdot 57 + 3\cdot 89 & 1\cdot 28 + 2\cdot 64 + 3\cdot 100 \\ & \\ 4\cdot 25 + 5\cdot 57 + 6\cdot 89 & 4\cdot 28 + 5\cdot 64 + 6\cdot 100 \end{pmatrix}$$

Auf beiden Seiten erhält man die Produktmatrix

$$\begin{pmatrix} 406 & 456 \\ 919 & 1032 \end{pmatrix}$$

b) Es sei A eine (m,n)-Matrix, B und C seien (n,p)-Matrizen und $B + C = (b_{\varrho k} + c_{\varrho k})$, dann gilt

$$A\,(B + C) = \left(\sum_{\varrho=1}^{n} a_{i\varrho}\,(b_{\varrho k} + c_{\varrho k}) \right) = \left(\sum_{\varrho=1}^{n} a_{i\varrho}b_{\varrho k} \right) + \left(\sum_{\varrho=1}^{n} a_{i\varrho}c_{\varrho k} \right)$$

$$= AB + AC$$

B e i s p i e l zu Gl. (3.6)

$$A = \begin{pmatrix} 2 & 2 \\ 3 & 3 \end{pmatrix} \qquad B = \begin{pmatrix} 1 & 2 & 3 \\ 4 & 5 & 6 \end{pmatrix} \qquad C = \begin{pmatrix} 1 & 2 & 3 \\ 4 & 5 & 6 \end{pmatrix}$$

$$A\,(B + C) = \begin{pmatrix} 2 & 2 \\ 3 & 3 \end{pmatrix} \cdot \begin{pmatrix} 2 & 4 & 6 \\ 8 & 10 & 12 \end{pmatrix} = \begin{pmatrix} 20 & 28 & 36 \\ 30 & 42 & 54 \end{pmatrix}$$

$$AB + AC = \begin{pmatrix} 10 & 14 & 18 \\ 15 & 21 & 27 \end{pmatrix} + \begin{pmatrix} 10 & 14 & 18 \\ 15 & 21 & 27 \end{pmatrix} = \begin{pmatrix} 20 & 28 & 36 \\ 30 & 42 & 54 \end{pmatrix}$$

c) Es seien A, B (m,n)-Matrizen und C eine (n,p)-Matrix, dann ist

$$(A + B) \cdot C = \left(\sum_{\varrho=1}^{n} (a_{i\varrho} + b_{i\varrho})\,c_{\varrho k} \right) = \left(\sum_{\varrho=1}^{n} a_{i\varrho}c_{\varrho k} \right) + \left(\sum_{\varrho=1}^{n} b_{i\varrho}c_{\varrho k} \right)$$

$$= A\,C + B\,C$$

d) Ist A eine (m,n)-Matrix, B eine (n,p)-Matrix und $r \in \mathbf{R}$, dann gilt

$$\left(r \sum_{k=1}^{n} a_{ik}b_{kj} \right) = \left(\sum_{k=1}^{n} (ra_{ik})\,b_{kj} \right) = \left(\sum_{k=1}^{n} a_{ik}\,(rb_{kj}) \right)$$

d. h.

$$r\,(AB) = (rA) \cdot B = A\,(rB)$$

Zur Übung bilde man Beispiele zu Gl. (3.7) und (3.8).   ∎

3.2.3.2 Der Ring der (n,n)-Matrizen

In der Menge der (m,n)-Matrizen ist immer noch keine Multiplikation erklärt, denn man kann ja zwei (m,n)-Matrizen nur multiplizieren, wenn m = n ist. Wir wollen zeigen, daß die Menge der (m,n)-Matrizen einen Ring bezüglich + und · bildet.

Definition 3.4 Eine Menge M = $\{$a, b, c, . . .$\}$ in der zwei Verknüpfungen + und · erklärt sind, heißt R i n g (kurz: (M, +, ·) ist ein Ring), wenn

a) die Elemente bezüglich + eine abelsche Gruppe bilden,
b) die Elemente bezüglich · das Assoziativgesetz erfüllen,
c) die beiden Verknüpfungen + und · durch die Distributivgesetze

$$a\,(b + c)\ = ab + ac$$
$$\text{und}\qquad (a + b) \cdot c = ac + bc$$

verbunden sind.

Bemerkungen a) der Ring heißt k o m m u t a t i v, wenn die Verknüpfung · kommutativ ist
b) ein kommutativer Ring heißt K ö r p e r, wenn die Gleichungen

$$a \cdot x = b \qquad \text{für } a \neq 0 \qquad\qquad (3.9)$$
$$\text{und}\qquad y \cdot c = d \qquad \text{für } c \neq 0 \qquad\qquad (3.10)$$

eindeutig nach x und y auflösbar sind.

Satz 3.8 Die Menge der (m,n)-Matrizen bildet bezüglich + und · einen Ring.

B e w e i s. Es muß gezeigt werden, daß die Punkte a) bis c) der Definition 3.4 gelten.
a) ist richtig, weil, wie in Abschn. 3.2.2 gezeigt, die (m,n)-Matrizen bezüglich + und ·
sogar einen Vektorraum bilden. b) und c) sind gültig wegen Gl. (3.5) bis (3.7).   ■
Dagegen bilden die (n,n)-Matrizen im allgemeinen keinen kommutativen Ring, denn es
ist z. B.

$$\begin{pmatrix} 3 & 3 \\ 2 & 3 \end{pmatrix} \cdot \begin{pmatrix} 3 & 3 \\ 3 & 2 \end{pmatrix} \neq \begin{pmatrix} 3 & 3 \\ 3 & 2 \end{pmatrix} \cdot \begin{pmatrix} 3 & 3 \\ 2 & 3 \end{pmatrix}$$

Also bilden sie wegen der Bemerkung zu Definition 3.4 erst recht keinen Körper. Es
gibt aber Teilmengen der Menge der (n,n)-Matrizen, die einen Körper bilden.

Satz 3.9 Die Menge A der Matrizen der Gestalt

$$\begin{pmatrix} a & b \\ -b & a \end{pmatrix}$$

bildet bezüglich Addition und Multiplikation einen Körper.

B e w e i s. Die Addition zweier Matrizen der Menge A gibt wieder eine Matrix aus A,
ebenso die Multiplikation mit einem Skalar. Nach Satz 1.1 bildet A einen Untervektorraum der Menge der (n,n)-Matrizen. Damit ist A bezüglich der Addition eine abelsche
Gruppe. Punkte a) und b) der Definition 3.4 gelten in der Menge der (n,n)-Matrizen,
also erst recht in A. Damit gilt: (A, +, ·) ist ein Ring. Der Ring ist kommutativ.

$$\begin{pmatrix} a & b \\ -b & a \end{pmatrix} \cdot \begin{pmatrix} c & d \\ -d & c \end{pmatrix} = \begin{pmatrix} ac - bd & ad + bc \\ -bc - ad & -bd + ac \end{pmatrix}$$

B
$$\begin{pmatrix} c & d \\ -d & c \end{pmatrix} \cdot \begin{pmatrix} a & b \\ -b & a \end{pmatrix} = \begin{pmatrix} ac - bd & ad + bc \\ -bc - ad & -bd + ac \end{pmatrix}$$

Schließlich ist wegen der Bemerkung zur Definition zu zeigen, daß in der Gleichung

$$\begin{pmatrix} a & b \\ -b & a \end{pmatrix} \cdot \begin{pmatrix} x_1 & x_2 \\ -x_2 & x_1 \end{pmatrix} = \begin{pmatrix} c & d \\ -d & c \end{pmatrix} \tag{3.11}$$

die beiden Zahlen x_1, x_2 eindeutig bestimmt sind. Wir schreiben zu dem Zweck Gl. (3.11) als lineares Gleichungssystem

$$ax_1 - bx_2 = c \qquad -bx_1 - ax_2 = -d$$
$$ax_2 + bx_1 = d \qquad -bx_2 + ax_1 = c$$

Man errechnet die eindeutig bestimmten Lösungen

$$x_2 = \frac{ad - cb}{a^2 + b^2} \qquad x_1 = \frac{ac + bd}{a^2 + b^2}$$

Wenn also

$$\begin{pmatrix} a & b \\ -b & a \end{pmatrix} \neq \begin{pmatrix} 0 & 0 \\ 0 & 0 \end{pmatrix}$$

so läßt sich Gl. (3.11) eindeutig nach

$$\begin{pmatrix} x_1 & x_2 \\ -x_2 & x_1 \end{pmatrix}$$

auflösen. Hiermit ist nachgewiesen, daß Gl. (3.9) erfüllt ist. Gl. (3.10) läßt sich analog zeigen.

■

3.2.4 Anwendung der Matrizenschreibweise von linearen Abbildungen auf lineare Gleichungssysteme

Der in Abschn. 3.2.2 behandelte enge Zusammenhang zwischen linearen Abbildungen, Matrizen und ihren Verknüpfungen ergibt nun die Möglichkeit, lineare Gleichungssysteme in Matrizenschreibweise sehr einfach zu beschreiben. Dabei ist streng darauf zu achten, daß die Beschreibung einer linearen Abbildung durch eine Matrix A eine andere ist, als die durch Gl. (3.2), die ja die Kenntnis der Bilder der Basisvektoren voraussetzt.

Es soll ein lineares Gleichungssystem in der folgenden Form vorliegen

$$a_{11}x_1 + a_{12}x_2 + \ldots + a_{1n}x_n = b_1$$
$$a_{21}x_1 + a_{22}x_2 + \ldots + a_{2n}x_n = b_2 \tag{3.12}$$
$$\vdots \qquad\qquad \vdots$$
$$a_{m1}x_1 + a_{m2}x_2 + \ldots + a_{mn}x_n = b_m$$

Dafür kann man schreiben (s. Abschn. 3.2.3.1)

$$Ax = b \qquad A = (a_{ik}) = \begin{pmatrix} a_{11} & a_{12} \cdots a_{1n} \\ a_{21} & a_{22} \cdots a_{2n} \\ \vdots & \vdots \\ a_{m1} & a_{m2} \cdots a_{mn} \end{pmatrix}$$

Dabei werden x und b als einspaltige Vektoren aufgefaßt

$$x = \begin{pmatrix} x_1 \\ \vdots \\ x_n \end{pmatrix} \qquad b = \begin{pmatrix} b_1 \\ \vdots \\ b_m \end{pmatrix}$$

In dieser Schreibweise interpretiert man das lineare Gleichungssystem in der folgenden Art: Die Multiplikation mit A ordnet jedem n-Tupel des $\mathbf{R}^n$ ein m-Tupel des $\mathbf{R}^m$ zu. Diese durch A vermittelte Abbildung ist linear:

$$A (x_1 + x_2) = Ax_1 + Ax_2 \qquad \text{nach Gl. (3.6)}$$

$$A (x_1) \qquad = r (Ax_1) \qquad \text{nach Gl. (3.8)}$$

Bei dem Gleichungssystem (3.12) liegt nun der Fall vor, daß der Bildvektor b festliegt und nach der Urbildmenge gefragt ist; es wird nach den Vektoren des $\mathbf{R}^n$ gesucht, die durch Multiplikation mit A den Vektor b ergeben. Die gesuchte Lösungsmenge des linearen Gleichungssystems stimmt überein mit der Urbildmenge von b.

Wir untersuchen zunächst den Spezialfall $b = o$. Das entspricht dem homogenen linearen Gleichungssystem $A\,x = o$.

Bereits in Abschn. 2.2.2 wurde gezeigt, daß die Lösungsmenge eines homogenen linearen Gleichungssystems einen Vektorraum bildet. In der Sprechweise muß sich also ergeben, daß die Urbildmenge von o ein Vektorraum ist.

Das sieht man folgendermaßen ein. Die Urbildmenge von o ist eine Teilmenge des $\mathbf{R}^n$. Nach Satz 1.1 bildet sie einen Untervektorraum, wenn mit zwei Elementen der Teilmenge auch die Summe Element der Teilmenge ist und mit jedem Element auch seine Vielfachen. Wenn x_1 und x_2 Urbilder von o sind, so muß auch $x_1 + x_2$ Urbild von o sein

$$Ax_1 = o \quad Ax_2 = o \Rightarrow Ax_1 + Ax_2 = o + o \qquad o + o = o$$

$$\Rightarrow A (x_1 + x_2) = o \qquad \text{Anwendung von Gl. (3.6)}$$

Damit ist $x_1 + x_2$ Urbild von o. Entsprechend ergibt sich bei der Vielfachenbildung

$$Ax_1 = o \Rightarrow r (Ax_1) = r\,o = o$$

$$\Rightarrow A (rx_1) = o \qquad \text{Anwendung von Gl. (3.8)}$$

Also ist mit x_1 auch rx_1 Urbild von o. Für die Menge der Urbilder von o führt man einen neuen Namen ein

B **Definition 3.5** Die Menge der Elemente eines Vektorraumes, die durch eine lineare Abbildung f auf den Nullvektor des Bildvektorraums abgebildet werden, heißt Kern der linearen Abbildung f (geschrieben: Kern f).

In dieser Sprechweise wurde soeben gezeigt:

Satz 3.10 Der Kern einer linearen Abbildung $f: V \to U$ bildet einen Untervektorraum von V.

Übersetzt man Satz 3.10 in die Sprache der linearen Gleichungssysteme, so liegt genau Satz 2.2 vor. Der Beweis ist in der Sprache der linearen Abbildungen erheblich einfacher.

Dagegen bilden die Lösungen des inhomogenen linearen Gleichungssystems (3.12), d. h. die Urbilder von **b**, im allgemeinen keinen Untervektorraum. Sind nämlich x_1 und x_2 Urbilder von **b**, dann gilt

$$A\, x_1 = b \qquad \text{und} \qquad A\, x_2 = b$$

Durch Addition und Anwendung von Gl. (3.6) ergibt sich

$$Ax_1 + Ax_2 = b + b$$
$$A\,(x_1 + x_2) = 2\,b$$

Es zeigt sich, daß $(x_1 + x_2)$ Lösung des inhomogenen linearen Gleichungssystems $Ax = 2\,b$ und damit nicht Lösung von (3.12) ist, wenn $b \neq o$. Trotzdem kann man mit Hilfe der Matrizenschreibweise eine Aussage über die Struktur der Urbildmenge von **b** in Gl. (3.12) gewinnen.

Satz 3.11 Alle Lösungen eines inhomogenen linearen Gleichungssystems $Ax = b$ lassen sich in der Form $x = x_0 + x^*$ darstellen. Dabei ist x_0 eine feste Lösung des inhomogenen linearen Gleichungssystems und x^* durchläuft alle Lösungen des homogenen linearen Gleichungssystems $Ax = o$.

(allgemeine Lösung des inhomogenen Systems = spezielle Lösung des inhomogenen Systems + allgemeine Lösung des homogenen Systems)

B e w e i s. Zum Beweis schreibt man sich zweckmäßig den Inhalt des Satzes in der Mengenschreibweise auf. Ist x_0 eine feste Lösung von $Ax = b$, dann muß gezeigt werden:

$$\underbrace{\{x \mid Ax = b\}}_{B} = \underbrace{\{x \mid x = x_0 + x^*, x^* \in \{x \mid Ax = o\}\}}_{C}$$

a) $B \subseteq C$: Sei $x_1 \in B$, d. h. $Ax_1 = b$, dann gilt mit $Ax_0 = b$ und der Subtraktion

$$A\,(x_1) - A\,(x_0) = A\,(x_1 - x_0) = o$$

d. h., $x_1 - x_0$ ist Lösung von $Ax = o$. Weiter gilt

$$x_1 = x_0 + (x_1 - x_0)\,[\in \{x \mid Ax = o\}\,]$$

und damit $x_1 \in C$.

b) $C \subseteq B$: Sei $x_2 \in C$, d. h. $x_2 = x_0 + x^*$, und es gilt $Ax_0 = b$ und $Ax^* = o$.

Daraus folgt durch Addition

$$A\, x_0 + A\, x^* = b$$
$$\underbrace{A\, (x_0 + x^*)}_{x_2} = b \qquad (A\ \text{linear}),$$

d. h. $x_2 \in B$.

Satz 3.11 ist der Grund dafür, daß man auch der Lösungsmenge eines inhomogenen linearen Gleichungssystems eine Dimension zuordnet, nämlich die Dimension des Lösungsvektorraums des zugehörigen homogenen linearen Gleichungssystems. Damit gilt für alle linearen Gleichungssysteme in Übereinstimmung mit Satz 2.7

$$\dim L = n - \mathrm{Rg}\, A$$

Dabei wird allerdings vorausgesetzt, daß das inhomogene lineare Gleichungssystem lösbar ist. Das muß nicht immer der Fall sein, wie das folgende Beispiel zeigt

$$3\,x + 4\,y = 5$$
$$3\,x + 4\,y = 6$$

Offensichtlich sind die beiden Gleichungen widersprüchlich. Deswegen ist es nicht sinnvoll, der Lösungsmenge die Dimension 1 ($n = 2$, $\mathrm{Rg}A = 1$) zuzuordnen. Um festzustellen, ob ein inhomogenes lineares Gleichungssystem lösbar ist, interpretieren wir Gl. (3.12) in der folgenden Weise:

$$\begin{pmatrix} a_{11} \\ a_{21} \\ \vdots \\ a_{m1} \end{pmatrix} x_1 + \begin{pmatrix} a_{12} \\ a_{22} \\ \vdots \\ a_{m2} \end{pmatrix} x_2 + \ldots + \begin{pmatrix} a_{1n} \\ a_{2n} \\ \vdots \\ a_{mn} \end{pmatrix} x_n = \begin{pmatrix} b_1 \\ b_2 \\ \vdots \\ b_m \end{pmatrix}$$

$$a_1 x_1 + a_2 x_2 + \ldots + a_n x_n = b$$

Faßt man die Spalten der Matrix in der oben angegebenen Art als Vektoren auf, so ist das Gleichungssystem offenbar genau dann lösbar, wenn

$$b \in [a_1, \ldots, a_n]$$

Wir erklären nun

$$A\,|\,b = \begin{pmatrix} a_{11} & a_{12} & \cdots & a_{1n} & b_1 \\ a_{21} & a_{22} & \cdots & a_{2n} & b_2 \\ \vdots & & & & \vdots \\ a_{m1} & a_{m2} & \cdots & a_{mn} & b_m \end{pmatrix}$$

und nennen $A\,|\,b$ die erweiterte Koeffizientenmatrix des linearen Gleichungssystems (3.12). Der soeben formulierte Zusammenhang zwischen linearer Hülle der Spaltenvektoren und Lösbarkeit des linearen Gleichungssystems drückt sich dann folgendermaßen aus:

B   Satz 3.12 Das lineare Gleichungssystem (3.12) ist genau dann lösbar, wenn

$$\text{Rg } A = \text{Rg } A\,|\,\mathbf{b}$$

B e w e i s. Liegt $\mathbf{b}$ in der linearen Hülle der Spaltenvektoren, so kann sich der Rang beim Übergang von A zu $A\,|\,\mathbf{b}$ nicht erhöht haben. Natürlich kann er bei Hinzunahme einer weiteren Spalte auch nicht kleiner werden. Für homogene lineare Gleichungssysteme ist der Inhalt des Satzes 3.12 trivial. Denn durch Hinzunahme einer Nullspalte kann sich der Rang nicht ändern, d. h., jedes homogene lineare Gleichungssystem ist lösbar (alle $x_i = 0$). Bei inhomogenen linearen Gleichungssystemen kann man durch Bestimmung der Ränge von A und $A\,|\,\mathbf{b}$ entscheiden, ob die Systeme lösbar sind oder nicht.

Auch ohne speziell lineare Gleichungssysteme zu betrachten, gelten allgemein für lineare Abbildungen zwischen Vektorräumen einfache Zusammenhänge, die hier erwähnt werden sollen und die man auch wieder in Zusammenhang mit linearen Gleichungssystemen sehen kann. Auf den Sachverhalt, daß der Kern einer linearen Abbildung ein Vektorraum ist, wurde schon mehrfach hingewiesen. Interessant ist der folgende Zusammenhang mit der Injektivität der linearen Abbildung.

Satz 3.13 Es sei eine.lineare Abbildung $f\colon U \to V$ gegeben.

$$f \text{ ist injektiv} \Longleftrightarrow \text{Kern } f = \{\mathbf{o}\},\ \mathbf{o} \in U$$

B e w e i s. a) Es sei $\mathbf{a} \in$ Kern f, d. h. $f(\mathbf{a}) = \mathbf{o}$.

$\Rightarrow$: Weiter gilt $f(\mathbf{o}) = \mathbf{o}$ und somit $f(\mathbf{a}) = f(\mathbf{o})$. Dies besagt gerade $\mathbf{a} = \mathbf{o}$, denn f ist injektiv.

b) $\Leftarrow$: $f(\mathbf{a}) = f(\mathbf{b})$. Hieraus folgt $f(\mathbf{a}) - f(\mathbf{b}) = \mathbf{o}$. Da f linear ist, gilt $f(\mathbf{a} - \mathbf{b}) = \mathbf{o}$. Aus Kern $f = \{\mathbf{o}\}$ folgt $\mathbf{a} - \mathbf{b} = \mathbf{o}$ und somit $\mathbf{a} = \mathbf{b}$.   ∎

Auf lineare Gleichungssysteme angewendet, heißt das: Wenn das homogene lineare Gleichungssystem eindeutig lösbar ist, dann auch das inhomogene mit derselben Koeffizientenmatrix, falls es überhaupt lösbar ist.

Es ist naheliegend, neben dem Kern einer linearen Abbildung auch ihr Bild zu betrachten. Dafür gilt

Satz 3.14 Das Bild einer linearen Abbildung $f\colon V \to U$ eines Vektorraums V ist ein Untervektorraum von U, wobei

$$\text{Bild } f = \{\, \mathbf{x} \mid \mathbf{x} \in U, V\,\mathbf{b} \in V \text{ mit } f(\mathbf{b}) = \mathbf{x} \,\}$$

B e w e i s. Anwendung von Satz 1.1 (Untervektorraum-Kriterium)

a) Bild $f \neq \{\mathbf{o}\}$, sonst liegt ja gar keine Abbildung vor.

b) Es seien $\mathbf{a}, \mathbf{b} \in$ Bild f, und ferner seien $\mathbf{a}_1$ und $\mathbf{b}_1$ zwei Urbilder, so daß $f(\mathbf{a}_1) = \mathbf{a}$ und $f(\mathbf{b}_1) = \mathbf{b}$. Dann gilt

$$f(\mathbf{a}_1 + \mathbf{b}_1) = f(\mathbf{a}_1) + f(\mathbf{b}_1) \qquad f \text{ linear}$$

$$= \mathbf{a} + \mathbf{b};$$

d. h. $\mathbf{a} + \mathbf{b} \in$ Bild f

c) Sei $a \in$ Bild f, und a_1 sei ein Urbild von a, d. h. $f(a_1) = a$. Dann gilt

$$ra = r\, f(a_1)$$
$$= f(r\, a_1) \qquad \text{f linear}$$

damit ist $r\, a \in$ Bild f.

Zum Abschluß dieses Abschnitts soll noch ein Zusammenhang zwischen den Dimensionen der Vektorräume Kern f und Bild f hergestellt werden.

Satz 3.15 Ist f: $V \to U$ lineare Abbildung, dimV = n und dim U = m, dann gilt

$$\dim (\text{Kern } f) + \dim (\text{Bild } f) = \dim V.$$

B e w e i s. a) Zunächst wird der Spezialfall betrachtet, daß f die Nullabbildung ist, d. h. die Abbildung, die jedem Element aus V den Nullvektor von U zuordnet. Dann gilt

$$\dim (\text{Kern } f) = \dim V, \qquad \dim \text{Bild } f = 0$$

In dem Spezialfall ist also Satz 3.15 richtig.

b) Sei k die Dimension von Kern f. Zu zeigen bleibt, daß $\dim (\text{Bild } f) = n - k$ ist.

Sei $\{ a_1, a_2, \ldots, a_k \}$ eine Basis von Kern f. Sie wird nach dem Austauschsatz von Steinitz (Satz 1.9) zu einer Basis $B = \{ a_1, a_2, \ldots, a_{k+1}, \ldots, a_n \}$ von V ergänzt. Wir zeigen, daß $C = \{ f(a_{k+1}), f(a_{k+2}), \ldots, f(a_n) \}$ eine Basis von Bild f ist.

1. Sei $b \in$ Bild f. Dann gibt es zu b ein Urbild $a \in V$ mit $f(a) = b$. Als Element von V läßt sich a als Linearkombination der Basisvektoren darstellen

$$a = r_1 a_1 + r_2 a_2 + \ldots + r_k a_k + r_{k+1} a_{k+1} + \ldots + r_n a_n$$

Anwendung von f ergibt unter Benutzung der Linearität von f

$$b = f(a) = f(r_1 a_1 + \ldots + r_k a_k + r_{k+1} a_{k+1} + \ldots + r_n a_n)$$
$$= r_1 f(a_1) + \ldots + r_k f(a_k) + r_{k+1} f(a_{k+1}) + \ldots + r_n f(a_n)$$

Da $a_1, a_2, \ldots, a_k \in$ Kern f, gilt

$$f(a_1) = o, \quad f(a_2) = o, \ldots, \quad f(a_k) = o$$

Damit bleibt übrig

$$b = r_{k+1} f(a_{k+1}) + r_{k+2} f(a_{k+2}) + \ldots + r_n f(a_n)$$

Also läßt sich b als Linearkombination der Elemente von C darstellen.

2. Die Elemente von C sind linear unabhängig. Wir gehen aus von der Gleichung

$$s_{k+1} f(a_{k+1}) + s_{k+2} f(a_{k+2}) + \ldots + s_n f(a_n) = o \tag{3.13}$$

Da f linear ist, folgt

$$f(s_{k+1} a_{k+1} + s_{k+2} a_{k+2} + \ldots + s_n a_n) = o$$

B Daher ist

$$s_{k+1}a_{k+1} + s_{k+2}a_{k+2} + \ldots + s_n a_n \in \text{Kern } f$$

uhd läßt sich als Linearkombination der Basis von Kern f darstellen:

$$s_{k+1}a_{k+1} + s_{k+2}a_{k+2} + \ldots + s_n a_n = s_1 a_1 + s_2 a_2 + \ldots + s_k a_k$$

Das bedeutet

$$-s_1 a_1 - s_2 a_2 - \ldots - s_k a_k + s_{k+1}a_{k+1} + \ldots + s_n a_n = o$$

Da $\{a_1, \ldots, a_n\}$ eine Basis von V bilden, sind die a_i linear unabhängig. Daher müssen sämtliche Koeffizienten s_i (i = 1, $\ldots$, n) gleich Null sein. Also müssen auch sämtliche Koeffizienten in Gl. (3.13) gleich Null sein und die Elemente von C sind linear unabhängig.

■

C ## 3.3 Matrizen im Schulunterricht

Ein wesentlicher Teil des dritten Abschnitts befaßt sich mit der Anwendung der Matrizenschreibweise auf lineare Gleichungssysteme. Dieser Kalkül erscheint uns wohl als Hintergrundwissen für Lehrer und Studenten sehr wichtig zu sein, weil er die Lösungszusammenhänge sehr durchsichtig macht. Es wird von uns aber nicht die Meinung vertreten, daß dieser Kalkül Eingang in die Haupt- oder Realschule finden soll. Zweifellos ist es dagegen möglich, in der Sekundarstufe II solche Zusammenhänge zu besprechen. Wegen der Behandlung der linearen Gleichungssysteme im Schulunterricht der Sekundarstufe I verweisen wir auf Abschn. 2.3.

Matrizen tauchen dagegen im Schulunterricht aller Stufen häufig auf, selbst wenn sie nicht als Matrizen bezeichnet werden oder im Lehrplan nicht gesondert erwähnt sind. Es scheint uns auch nicht notwendig zu sein, eine eigene Unterrichtseinheit über Matrizen zu geben, sondern Matrizen sollten als geeignetes Hilfsmittel der Darstellung ganz selbstverständlich und zwanglos verwendet werden. Dazu sollen einige Beispiele gegeben werden.

Beispiele. 3.1 Bei der Einführung der Multiplikation im 2. Schuljahr ist der Weg über das kartesische Produkt heute sehr beliebt. Eines der üblichen Verfahren verwendet eine Matrix, um die Elemente des kartesischen Produkts darzustellen und abzählen zu können (s. Fig. 3.1).

Fig. 3.1

3.2 Im 3. und 4. Schuljahr werden Gruppenspiele durchgeführt. Die dabei verwendeten C Gruppentafeln sind nichts anderes als Matrizen. Es werden schon Bezeichnungen wie Zeile und Spalte verwendet, um Gruppeneigenschaften ablesen und verbalisieren zu lassen. Eine ähnliche Tafel ist die Multiplikationstafel für das kleine Einmaleins.

3.3 Bei der Behandlung der Relationen wird zunächst das Kartesische Produkt in Tabellenform dargestellt. Die Lage der Paare in der Tabelle, die zur Relation gehören, läßt auf Eigenschaften der Relation schließen.

3.4 In der anschaulichen Topologie werden einfache Probleme durch Netze veranschaulicht. Die Inzidenzen, die zwischen Bögen und Ecken eines solchen Netzes bestehen, lassen sich durch eine Matrix erfassen (s. Fig. 3.2). Jede Tabelle kann als Matrix aufgefaßt werden. Schon von daher ist also die Kenntnis des Matrixbegriffes für den Lehrer wichtig. Das allein würde die Betonung des Matrixbegriffes in einer Vorlesung über Lineare Algebra nicht rechtfertigen. Doch kommen in zwangloser Weise im Schulunterricht auch die Matrizenverknüpfungen vor.

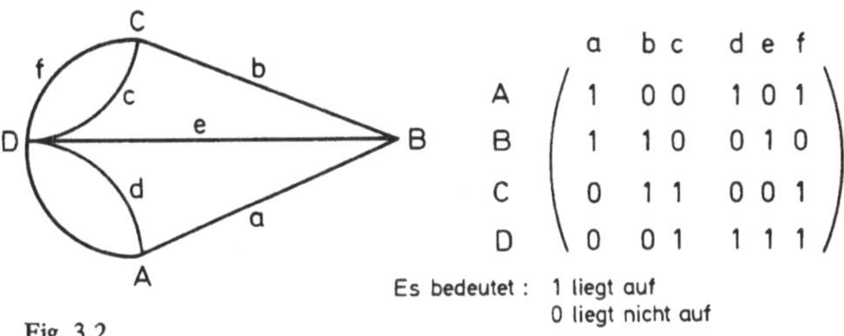

Fig. 3.2

3.5 (A d d i t i o n v o n M a t r i z e n) Wir bezeichnen als Zauberquadrat eine solche quadratische Anordnung von Zahlen, in der alle Zeilen, Spalten und Diagonalen dieselbe Summe haben. Die Addition zweier solcher Zauberquadrate entsprechend der Matrizenaddition ergibt offenbar wieder ein Zauberquadrat. Die Matrizenaddition dient so der Konstruktion neuer Zauberquadrate (Fig. 3.3).

Fig. 3.3

7	6	12	9
11	10	8	5
2	3	13	16
14	15	1	4

+

14	22	4	28
12	20	6	30
24	16	26	2
18	10	32	8

=

21	28	16	37
23	30	14	35
26	19	39	18
32	25	33	12

3.6 (M u l t i p l i k a t i o n v o n M a t r i z e n m i t Z a h l e n) a) Entsprechend Beispiel 3.5 kann man auch neue Zauberquadrate konstruieren, indem man jede Zahl des Quadrats mit einer festen Zahl multipliziert. Hier soll noch ein weiteres Beispiel für die Multiplikation von Matrizen mit Zahlen gegeben werden.

C b) In jedem Jahr kommt einmal der Mann, der die Meßgeräte an den Heizungskörpern abliest. Zur Übersicht macht er sich eine Tabelle (Fig. 3.4). Um die Kosten auszurechnen, die für die einzelnen Mieter anfallen, wird jede Zahl der Matrix mit einem festen Faktor multipliziert und anschließend zeilenweise addiert.

	Küche	Bad	Schlaf-zimmer	Wohn-zimmer
1. Stock	25	11	10	40
2. Stock	22	15	8	35
3. Stock	28	15	12	61

Fig. 3.4 Anzahl der Wärmeeinheiten

3.7 (Matrizenmultiplikation) Selbst die Multiplikation von Matrizen kann zwanglos im Schulunterricht durchgeführt werden. Man kann etwa Beispiele wie das einführende Beispiel in Abschn. 3.1 behandeln. Dabei ist es besonders wichtig, eine suggestive Art der Darstellung zu wählen (vgl. [1]). Ein weiteres Beispiel zeigt Fig. 3.5.

Curry, Koriander, Pfeffer, Safran

	Curry	Koriander	Pfeffer	Safran
			4	6
			8	12
			3	5
			12	16
Sch₁	100	150	50	50
Sch₂	50	70	100	30
F	3	4	15	5

Fig. 3.5

Eine Vielzahl interessanter Beispiele zur Anwendung der Matrizenrechnung findet man etwa in [1].

Aufgaben

3.1 Eine Abb $f: R^2 \rightarrow R^3$ ist gegeben durch $f(x_1, x_2) = (x_1', x_2', x_3')$

mit $x_1' = x_1 + x_2$

$x_2' = x_1$

$x_3' = 2x_2 + x_1$

Man prüfe, ob f linear ist.

3.2 Man gebe zwei verschiedene lineare Abbildungen $R^3 \to R^3$ an, die den Vektor $(1, 1, 1)$ auf den Vektor $(1, 2, 3)$ abbilden.

3.3 Nach Satz 3.3 ist jeder reelle Vektorraum V der Dimension n isomorph zum R^n. Man zeige das speziell für den Vektorraum P_2 der Polynome höchstens zweiten Grades, indem man eine lineare bijektive Abbildung $f: P_2 \to R^3$ angibt.

3.4 Eine lineare Abbildung $f: R^3 \to R^2$ ist gegeben durch

$$f\begin{pmatrix}1\\0\\0\end{pmatrix} = \begin{pmatrix}2\\-3\end{pmatrix} \qquad f\begin{pmatrix}0\\1\\0\end{pmatrix} = \begin{pmatrix}2\\7\end{pmatrix} \qquad f\begin{pmatrix}0\\0\\1\end{pmatrix} = \begin{pmatrix}-1\\-3\end{pmatrix}$$

Welches Bild hat $\begin{pmatrix}1\\-2\\3\end{pmatrix}$? Wie erhält man allgemeiner $f\begin{pmatrix}x_1\\x_2\\x_3\end{pmatrix}$?

3.5 Man gebe ein Beispiel dafür an, daß das Matrizenprodukt dem Produkt der zugehörigen Abbildungen entspricht. Zwei lineare Abbildungen sind durch Matrizen gegeben. Man bilde zuerst das Matrizenprodukt und wende es auf einen festen Vektor an. Dann wende man erst die eine Abbildung auf den festen Vektor und dann die zweite auf den Bildvektor an.

3.6 Man gebe eine lineare Abbildung $f: R^3 \to R^3$ an, so daß $f \circ f = I$ (Identität) ohne daß f die Identität ist.

3.7 Man beweise die Regel 5 (Produktregel für das Rechnen mit dem Summenzeichen) aus Abschn. 3.2.3.

3.8 Welche Struktur hat die Menge der Matrizen der Form

$$\begin{pmatrix}a & b\\b & a+2b\end{pmatrix}$$

3.9 $f: R^3 \to R^2$ sei eine lineare Abbildung, die durch $f((x_1, x_2, x_3)) = (x_1 + x_2, x_3)$ definiert ist.
a) Man gebe den Kern f an.
b) Ist f injektiv bzw. surjektiv?
c) Wie groß ist dim (Bild f)?

3.10 Gegeben ist das lineare Gleichungssystem

$$3{,}5\,x_1 + 0{,}5\,x_2 = 6$$
$$28\,x_1 + 4\,x_2 \quad = 8$$

Wie kann man die Spalten der erweiterten Matrix umtauschen, damit ein entsprechendes lineares Gleichungssystem eindeutig lösbar wird?

4 Lineare Optimierung

4.1 Beispiel aus dem Gewürzhandel

4.1.1 Lösung auf graphischem Wege

Die Unterabteilung U_1 (vgl. Abschn. 1.1.4) hat einen ehrgeizigen Abteilungsleiter, der für die Großhandelsfirma einen maximalen Gewinn erzielen möchte. Er macht sich Gedanken darüber, welche Bestellungen zweckmäßigerweise monatlich an die Zentrale gegeben werden sollen. Dabei muß er folgende Einschränkungen berücksichtigen

a) Es können nicht in beliebiger Menge Gewürze bestellt werden, da durch die Lagermöglichkeiten natürliche Begrenzungen bestehen. Es ist möglich, 130 t Gewürze zu lagern.

b) Durch die Abhängigkeit von Lieferanten in Indien kann die Zentrale höchstens 90 t Curry und höchstens 80 t Koriander monatlich liefern.

c) Durch die Kapazität der Verpackungsfirma tritt eine weitere Begrenzung auf. Sie kann höchstens 200 Verpackungseinheiten (VE) monatlich herstellen; dabei sind zum Verpacken einer Tonne Koriander 1 VE und zum Verpacken einer Tonne Curry 2 VE nötig.

d) Der Gewinn am Verkauf von 1 kg Curry beträgt 8 DM, der Gewinn am Verkauf von 1 kg Koriander beträgt 5 DM.

Um sich ein anschauliches Bild von den Einschränkungen zu machen, stellt sich der Abteilungsleiter eine graphische Darstellung her (Fig. 4.1). Er verwendet ein zweidimensionales Koordinatensystem. Auf der Abszisse trägt er sich das Gewicht der monatlichen Currybestellung in t auf und auf der Ordinate die entsprechende Zahl für die Korianderbestellung. Jede Bestellung bedeutet einen Punkt in der dargestellten Ebene.

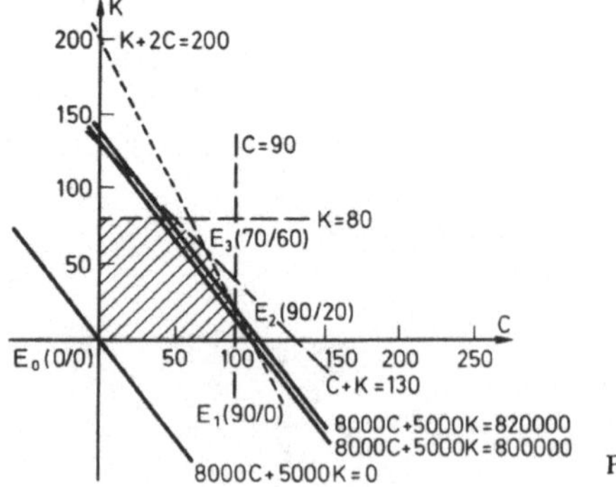

Fig. 4.1

So bedeutet etwa der Punkt E_2 (90/20) in Fig. 4.1 die Bestellung von 90 t Curry und 20 t Koriander.

Die Buchstaben C und K werden vorübergehend als Abkürzungen für die Maßzahlen der **A**
Gewichte (in t) des bestellten Curry bzw. Koriander verwendet.

Damit ergibt sich aus Bedingung a)

$$C + K \leqslant 130$$

Man zeichnet zunächst die Gerade $C + K = 130$. Alle Punkte, die in der Halbebene des
Nullpunktes liegen, kommen als Bestellung in Frage.

b) ergibt die einschränkenden Ungleichungen $C \leqslant 90$ und $K \leqslant 80$. Wieder zeichnet man
zunächst die Geraden $C = 90$ und $K = 80$. Das sind Parallelen zu den Achsen.

Alle Punkte, die in den Halbebenen mit dem Nullpunkt zusammenliegen, kommen als
Lösung in Frage.

Aus c) ergibt sich entsprechend

$$K + 2\,C \leqslant 200$$

Der Faktor 2 bei C kommt daher, daß zum Verpacken 1 t Curry 2 VE notwendig sind.

Weiter ist zu beachten, daß nur positive Bestellungen möglich sind; das führt auf die
Ungleichungen $C \geqslant 0$ und $K \geqslant 0$. Insgesamt haben wir 6 Ungleichungen gewonnen.
Jeder dieser Ungleichungen entspricht eine Halbebene. Mögliche Lösungen können nur
im Durchschnitt aller dieser 6 Halbebenen liegen. Der in Frage kommende Durchschnitt
ist in Fig. 4.1 schraffiert dargestellt.

Es bleibt noch die Bedingung d), um den Gewinn zu bestimmen. Der zum Punkt E_2
(90/20) gehörige Gewinn ist z. B.

$$(8000 \cdot 90 + 5000 \cdot 20)\ \text{DM} = 820\,000\ \text{DM}$$

Sucht man andere Punkte, denen derselbe Gewinn entspricht, so muß man C und K
variieren:

$$8000 \cdot C + 5000 \cdot K = 820\,000 \tag{4.1}$$

Der Gewinn ist für alle Punkte der Geraden (Gl. (4.1)) konstant. Da durch die festen

Konstanten 8000 und 5000 der Steigung $\left(-\dfrac{8}{5}\right)$ der Geraden bestimmt ist, sind die Ge-

raden konstanten Gewinns parallel zueinander. Die Geraden, denen der Gewinn 0 DM,
800 000 DM, 820 000 DM entspricht, sind in Fig. 4.1 eingezeichnet.

Je weiter (wachsender C-Abschnitt) man die Gerade verschiebt, desto größer wird der
Gewinn. Der optimale Gewinn liegt vor, wenn die Gerade durch den Punkt E_3 (70/60)
verläuft, d. h., der Abteilungsleiter bestellt zweckmäßigerweise 70 t Curry und 60 t
Koriander monatlich und kann beim Verkauf den Gewinn von

$$8000 \cdot 70\ \text{DM} + 5000 \cdot 60\ \text{DM} = 860\,000\ \text{DM}$$

für die Firma erwirtschaften.

Für den Abteilungsleiter war es völlig ausreichend, sich eine graphische Darstellung her-
zustellen. Bereits für die Zentrale, die ja mit 4 Gewürzen handelt, wäre das Verfahren
nicht mehr möglich, da man keine anschauliche Darstellung des vierdimensionalen

A   Raumes kennt. Da die meisten solcher Gewinnoptimierungsprobleme mehr als zwei Variablen haben, ist es zweckmäßig, zur Lösung ein algebraisches Verfahren zur Verfügung zu haben. Ein solches algebraisches Verfahren soll im folgenden vorgestellt werden.

4.1.2 Lösung auf algebraischem Wege

Zunächst werden die Gegebenheiten nochmals in algebraischer Form zusammengestellt. Dabei werden für die Variablen im Hinblick auf den allgemeinen Fall die Bezeichnungen x_1 und x_2 eingeführt. x_1 steht für C (Curry in t) und x_2 steht für K (Koriander in t)

1. Die Gewinnfunktion ist $G = 8000\, x_1 + 5000\, x_2$.

2. Die einschränkenden Bedingungen a) bis c) drücken sich in den folgenden Ungleichungen aus

$$\begin{aligned}
2\, x_1 + x_2 &\leqslant 200 \\
x_1 + x_2 &\leqslant 130 \\
x_1 &\leqslant 90 \\
x_2 &\leqslant 80
\end{aligned}$$

3. Bei Bestellungen sind die Gewichte naturgemäß größer oder gleich Null.

$$x_1 \geqslant 0 \qquad x_2 \geqslant 0 \tag{4.2}$$

Zunächst werden die Ungleichungen aus Punkt 2 in Gleichungen durch Einführung von neuen Variablen, den S c h l u p f v a r i a b l e n, verwandelt, damit man die Methoden zur Lösung linearer Gleichungssysteme anwenden kann

$$\begin{aligned}
2\, x_1 + x_2 + x_3 &&&= 200 \\
x_1 + x_2 &+ x_4 &&= 130 \\
x_1 &&+ x_5 &= 90 \\
x_2 &&+ x_6 &= 80
\end{aligned} \tag{4.3}$$

Selbstverständlich müssen auch die Schlupfvariablen größer oder gleich Null sein.

$$x_1, x_2, \ldots, x_6 \geqslant 0 \tag{4.4}$$

Entsprechend der Zahl der Ungleichungen werden 4 Schlupfvariable eingeführt. Das hat zur Folge, daß das lineare Gleichungssystem (4.3) mit vier Gleichungen und sechs Variablen eine Koeffizientenmatrix mit dem Rang 4 hat. In jeder Gleichung kommt genau eine Schlupfvariable vor. Der Rang der erweiterten Matrix kann ebenfalls nur 4 sein, da das System nur 4 Zeilen hat. Daher ist das lineare Gleichungssystem lösbar, und die Lösungsmenge hat nach den Sätzen über lineare Gleichungssysteme die Dimension

$$n - \text{Rg}\, A = 6 - 4 = 2$$

Außerdem müssen aber die Nicht-Negativitätsbedingungen der Gl. (4.4) erfüllt sein.

Das könnte eventuell zu einer Verkleinerung der Lösungsmenge führen. Jede Lösung von Gl. (4.3), die die Nicht-Negativitätsbedingungen (4.4) erfüllt, heißt zulässige Lösung. Die entsprechenden Punkte liegen in Fig. 4.1 im schraffierten Gebiet. Gesucht wird die optimale zulässige Lösung, d. h. die Lösung, die gleichzeitig einen optimalen Gewinn liefert. Wenn die Lösungsmenge die Dimension 2 hat, genügt es, Werte von 2 Variablen anzugeben; die übrigen kann man dann berechnen. Lösungen, bei denen zwei Variable gleich Null sind, nennt man Basislösungen. Ein Satz der linearen Optimierung sagt aus, daß man zu jeder zulässigen Lösung eine mindestens ebensogute Basislösung finden kann. Es genügt also, sich bei der Suche auf Basislösungen zu beschränken. Am einfachsten setzt man zunächst $x_1 = 0$, $x_2 = 0$. Damit heißt die Basislösung

$$x_1 = 0; \quad x_2 = 0; \quad x_3 = 200; \quad x_4 = 130; \quad x_5 = 90; \quad x_6 = 80$$

Dieser Lösung entspricht in Fig. 4.1 der Punkt E_0. Der zugehörige Gewinn beträgt

$$G = 8000\, x_1 + 5000\, x_2 = 0$$

Um einen echten Gewinn zu erzielen, soll jetzt x_1 oder x_2 vergrößert werden. Man wählt hier x_1, weil x_1 durch den größeren Koeffizienten eine schnellere Vergrößerung bringt. Wir lassen $x_2 = 0$ und drücken die übrigen Variablen durch x_1 aus. Das ist möglich, da der Rang der Teilmatrix, in der x_3, x_4, x_5 und x_6 vorkommen, gleich 4 ist.

$$x_3 = 200 - 2\, x_1$$

$$x_4 = 130 - x_1$$

$$x_5 = 90 - x_1$$

$$x_6 = 80$$

Um die Nicht-Negativitätsbedingungen nicht zu verletzen, ist der größtmögliche Wert von x_1 in der ersten Gleichung 100, in der zweiten Gleichung 130, in der dritten 90 und in der vierten ist er unbegrenzt, da x_1 nicht vorkommt. Insgesamt ist der größtmöglichste Wert für x_1 der kleinste dieser vier Werte und damit 90.
Das führt zur zweiten Basislösung, indem man in allen Gleichungen für x_1 den Wert 90 einsetzt

$$x_1 = 90; \quad x_2 = 0; \quad x_3 = 20; \quad x_4 = 40; \quad x_5 = 0; \quad x_6 = 80$$

Der zweiten Basislösung entspricht in Fig. 4.1 der Punkt E_1.

Der zugehörige Gewinn beträgt

$$G = 8000 x_1 + 5000 x_2 = 720\,000 + 5000 \cdot 0 = 720\,000$$

Um zu sehen, ob sich G noch verbessern läßt, drücken wir G durch die Variablen x_2 und x_5 aus, die Null sind, weil sie nicht zur Basis gehören und sich eventuell noch vergrößern lassen

$$G = 8000\, (90 - x_5) + 5000\, x_2 = 720\,000 - 8000\, x_5 + 5000\, x_2$$

A Der Gewinn kann durch Vergrößerung von x_2 noch ansteigen. Daher wird zum Zweck der günstigeren Auflösung das Gleichungssystem so umgeformt, daß die Basisvariablen x_1, x_3, x_4, x_6 in jeder Zeile nur je einmal vorkommen:

$$\begin{aligned}
x_2 + x_3 \quad\; - 2\,x_5 \quad\;\; &= 20 \\
x_2 \quad + x_4 - \; x_5 \quad\;\; &= 40 \\
x_1 \quad\qquad\; + \; x_5 \quad\;\; &= 90 \\
x_2 \qquad\qquad\;\; + x_6 &= 80
\end{aligned}$$

Diese Umformungen sind möglich, wenn die entsprechende Teilmatrix den Rang 4 hat. Es ist allgemein üblich, bei Problemen der linearen Optimierung davon auszugehen, daß jede (4,4)-Teilmatrix der Koeffizientenmatrix den Rang 4 hat. Das ist auch in der praktischen Aufgabenstellung fast immer der Fall.

Wir drücken die Basisvariablen durch x_2 aus (x_5 bleibt 0)

$$\begin{aligned}
x_3 &= 20 - x_2 \\
x_4 &= 40 - x_2 \\
x_1 &= 90 \\
x_6 &= 80 - x_2
\end{aligned}$$

Man kann $x_2 = 20$ setzen, ohne daß die anderen Variablen negativ werden. Die neue Basislösung heißt

$$x_1 = 90; \quad x_2 = 20; \quad x_3 = 0; \quad x_4 = 20; \quad x_5 = 0; \quad x_6 = 60$$

und ihr entspricht in Fig. 4.1 der Punkt E_2. Der zugehörige Gewinn beträgt

$$G(E_2) = 720\,000 - 8000\,x_5 + 5000\,x_2 = 820\,000$$

Wieder drückt man G durch die Variablen x_3 und x_5, die nicht zur Basis gehören, aus

$$G(E_2) = 820\,000 + 2000\,x_5 - 5000\,x_3$$

Eine weitere Vergrößerung des Gewinns läßt sich evtl. durch Vergrößerung von x_5 erhalten, weil der Koeffizient von x_5 in der Gewinnfunktion positiv ist. Wieder wird das lineare Gleichungssystem umgeformt, um die Variablen durch x_5 auszudrücken:

$$\begin{aligned}
x_2 + x_3 \quad\; - 2\,x_5 \quad\;\; &= 20 \\
- x_3 + x_4 + \; x_5 \quad\;\; &= 20 \\
x_1 \qquad\quad + \; x_5 \quad\;\; &= 90 \\
- x_3 \qquad + 2\,x_5 + x_6 &= 60
\end{aligned}$$

d. h. für $x_3 = 0$

$$\begin{aligned}
x_2 &= 20 + 2\,x_5 \\
x_4 &= 20 - x_5 \\
x_1 &= 90 - x_5 \\
x_6 &= 60 - 2\,x_5
\end{aligned}$$

Die weitgehendste Einschränkung für x_5 ergibt sich aus der zweiten Gleichung. $x_5 = 20$
ist noch möglich, ohne daß x_4 negativ wird; auch die anderen Variablen werden dadurch
nicht negativ. Die neue Basislösung ist

$$x_1 = 70; \qquad x_2 = 60; \qquad x_3 = 0; \qquad x_4 = 0; \qquad x_5 = 20; \qquad x_6 = 120$$

In Fig. 4.1 entspricht ihr der Punkt E_3 und der zugehörige Gewinn ist

$$G(E_3) = 820000 + 2000\,(20 + x_3 - x_4) - 5000\,x_3$$
$$G(E_3) = 860000 - 3000\,x_3 - 2000\,x_4$$

Die Lösung läßt sich nicht weiter verbessern, denn durch die negativen Koeffizienten
von x_3 und x_4 würde G bei Vergrößerung einer der beiden Variablen x_3 und x_4 ver-
kleinert.

Man kann diesen algebraischen Weg auch in Fig. 4.1 interpretieren: Ausgehend von der
trivialen Lösung $x_1 = x_2 = 0$ (E_0) geht man über zu neuen Basislösungen, die den Eckpunkten E_1, E_2, E_3 entsprechen, bis man zur optimalen Lösung kommt. Andere
graphische Lösungsmöglichkeiten sind

a) alle Eckpunkte der schraffierten Fläche ausrechnen und überprüfen

b) die Gewinngerade $G = 5000\,K + 8000\,C$ solange parallel nach rechts verschieben, bis
sie gerade noch einen Punkt mit der schraffierten Fläche gemeinsam hat; diesem Punkt
entspricht dann die optimale zulässige Lösung.

4.2 Beschreibung der Simplexmethode

4.2.1 Beschreibung des allgemeinen Normalfalles ohne Beachtung der Sonderfälle

Im allgemeinen Normalfall liegt folgendes mathematische Modell vor: Die Funktion

$$G = g_1 x_1 + g_2 x_2 + \ldots + g_n x_n \tag{4.5}$$

soll ein Maximum annehmen unter den einschränkenden Bedingungen

$$
\begin{aligned}
a_{11} x_1 + a_{12} x_2 + \ldots + a_{1n} x_n &\leqslant d_1 \\
a_{21} x_1 + a_{22} x_2 + \ldots + a_{2n} x_n &\leqslant d_2 \\
\vdots \qquad\qquad \vdots \qquad\qquad & \\
a_{m1} x_1 + a_{m2} x_2 + \ldots + a_{mn} x_n &\leqslant d_m
\end{aligned}
\tag{4.6}
$$

Außerdem soll $x_i \geqslant 0$ für $i = 1, 2, \ldots, n$ gelten.

Bei der Behandlung der Simplexmethode soll aus Platzgründen nicht jeder einzelne
Schritt genau begründet werden; dafür gibt es spezielle Bücher über lineare Optimierung.
Uns kommt es im wesentlichen darauf an, das Verfahren zu beschreiben und zu zeigen,
wie dabei Methoden der linearen Algebra Anwendung finden.
Im ersten Schritt werden die m Ungleichungen mit n Variablen (Gl. (4.6)) durch Ein-
führung von m Schlupfvariablen in Gleichungen verwandelt, um Methoden zur Lösung

von linearen Gleichungssystemen anwenden zu können. Dadurch erhalten wir m Gleichungen mit n + m Variablen:

$$a_{11}x_1 + a_{12}x_2 + \ldots + a_{1n}x_n + x_{n+1} = d_1$$
$$a_{21}x_1 + a_{22}x_2 + \ldots + a_{2n}x_n \quad\quad + x_{n+2} = d_2$$
$$\vdots$$
$$a_{m1}x_1 + a_{m2}x_2 + \ldots + a_{mn}x_n \quad\quad\quad\quad + x_{n+m} = d_m \tag{4.7}$$

Aus der Natur der Schlupfvariablen ergibt sich, daß sie alle $\geqslant 0$ sind, so daß also gilt

$$x_1, x_2, \ldots, x_{n+m} \geqslant 0 \tag{4.8}$$

Die Lösungen des Gleichungssystems (4.7) sind Elemente des arithmetischen Vektorraums V_{n+m}, also (n + m)-Tupel. Erfüllen sie gleichzeitig die Nicht-Negativitätsbedingungen (4.8), so nennt man sie zulässige Lösungen. Für das einführende Beispiel entsprechen in Fig. 4.1 die Punkte des schraffierten Bereichs den zulässigen Lösungen.

Nun gilt es, unter den zulässigen Lösungen diejenige bzw. diejenigen herauszufinden, die gleichzeitig auch den Gewinn G (vgl. Gl. (4.5) zu einem Maximum machen. Solche zulässigen Lösungen heißen o p t i m a l. Ein wesentlicher Satz der linearen Optimierung sagt aus, daß es zu jeder zulässigen Lösung eine Basislösung gibt, die gleich gut oder sogar noch besser ist, d. h. für die der Gewinn G gleichgroß oder noch größer wird. Dabei ist eine Basislösung eine solche zulässige Lösung, in der n Komponenten gleich Null sind.

Daher genügt es, nach optimalen Basislösungen zu suchen. Das Simplexverfahren ist ein sukzessives Verfahren. Man geht aus von einer ersten Basislösung. Diese Basislösung wird schrittweise verbessert, bis man zu einer optimalen Basislösung kommt.

Eine erste Basislösung erkennt man unmittelbar. Man setzt in Gl. (4.7) $x_1 = x_2 = \ldots = x_n = 0$; dadurch erhält man die erste Basislösung

$$x_{n+1} = d_1$$
$$x_{n+2} = d_2$$
$$\vdots$$
$$x_{n+m} = d_m$$

Um den zugehörigen Gewinn G zu ermitteln, setzen wir die Basislösung in Gl. (4.8) ein und erhalten G = 0, denn wir haben ja zunächst $x_1 = x_2 = \ldots = x_n = 0$ gesetzt. Zur Verbesserung der Basislösung versuchen wir, den Wert von G zu vergrößern und zwar dadurch, daß wir einer der ersten n Variablen einen größeren Wert geben. Damit wir wieder eine Basislösung erhalten, muß dafür eine der anderen Variablen den Wert Null annehmen; das wird sich von selbst ergeben. Gewöhnlich versucht man, den Wert der Variablen zu vergrößern, die den größten Koeffizienten in der Zielfunktion G hat, weil das den Gewinn am meisten erhöht. Das ist aber nicht unbedingt notwendig. Ohne die Allgemeinheit einzuschränken, wählen wir x_1 aus (evtl. Umnumerierung der Variablen). Dann nimmt das lineare Gleichungssystem (4.7) die folgende Form an:

$$a_{11}x_1 + x_{n+1} = d_1$$
$$a_{21}x_1 + x_{n+2} = d_2$$
$$\vdots \qquad\qquad \vdots$$
$$a_{m1}x_1 + x_{n+m} = d_m$$

(4.9)

Entsprechend dem Vorgehen beim Beispiel im Abschn. 4.1.2 wird jetzt in jeder Zeile des Gleichungssystems (4.9) geprüft, wie groß der Wert von x_1 sein darf, ohne daß die zweite vorkommende Variable negativ ist. Ist der Koeffizient von x_1 gleich Null, so kann x_1 unbeschränkt groß sein. Das Minimum der möglichen Werte von x_1 wird gewählt und in alle Gleichungen eingesetzt. Dadurch wird eine Variable gleich Null, und in der Basislösung tritt x_1 an deren Stelle. Tritt etwa das Minimum der möglichen Werte von x_1 in der ρ-ten Gleichung des Gleichungssystems (4.9) auf, so heißt die neue Basislösung

$$x_1 = \frac{d_\rho}{a_{\rho 1}}$$
$$x_2 = 0$$
$$\vdots$$
$$x_n = 0$$
$$x_{n+1} = d_1 - \frac{a_{11}d_\rho}{a_{\rho 1}}$$
$$\vdots$$
$$x_{n+\rho} = 0$$
$$\vdots$$
$$x_{n+m} = d_m - a_{m1}\frac{d_\rho}{a_{\rho 1}}$$

Durch Einsetzen dieser Basislösung in Gl. (4.5) erhält man einen verbesserten Wert für den Gewinn

$$G = g_1\frac{d_\rho}{a_{\rho 1}} + g_2 0 + \ldots + g_n 0 = g_1\frac{d_\rho}{a_{\rho 1}} > 0$$

Um zu sehen, ob sich G noch verbessern läßt, drückt man nun x_1 in Gl. (4.9) formal durch $x_{n+\rho}$ aus und setzt in Gl. (4.5) ein

$$G = g_1\left(\frac{d_\rho}{a_{\rho 1}} - \frac{x_{n+\rho}}{a_{\rho 1}}\right) + g_2 x_2 + \ldots + g_n x_n$$

(4.10)

$$G = g_1\frac{d_\rho}{a_{\rho 1}} - \frac{g_1}{a_{\rho 1}}x_{n+\rho} + g_2 x_2 + g_3 x_3 + \ldots + g_n x_n$$

In der Gewinnfunktion kommen nur noch die Variablen vor, die in der Basislösung Null sind. Man wird versuchen, den Gewinn zu vergrößern, indem man den Wert einer dieser Variablen vergrößert. Das ist aber nur sinnvoll, solange noch einer der Koeffizienten positiv ist, sonst würde man ja eine Verkleinerung von G erreichen. Man verbessert den

B Gewinn so lange, bis alle Koeffizienten der Variablen, die in der Basislösung null sind, negativ sind. Dann hat man die optimale Lösung gefunden und bricht das Verfahren ab.

Es sollen nun Schwierigkeiten angedeutet werden, die beim zweiten Schritt des allgemeinen Verfahrens entstehen könnten. Ohne Einschränkung der Allgemeinheit habe x_2 den größten positiven Koeffizienten in Gl. (4.10) (evtl. Umnumerierung der Variablen).

Um sofort erkennen zu können, wie groß der Wert von x_2 höchstens sein kann, sollten alle Basisvariablen durch x_2 ausgedrückt sein. Nach den Sätzen in Abschn. 3.2 ist ein lineares Gleichungssystem mit m Gleichungen und m Variablen eindeutig lösbar, wenn die Koeffizientenmatrix den Rang m hat. Damit die Auflösung nach den Basisvariablen immer möglich ist, muß also vorausgesetzt werden, daß jede (m,n)-Teilmatrix der (m, m + n)-Koeffizientenmatrix den Rang m hat. Dann ist mit Sicherheit die eindeutige Auflösbarkeit nach den Basisvariablen gegeben. Diese zusätzliche Voraussetzung, daß sämtliche (m,m)-Teilmatrizen der Koeffizientenmatrix den Rang m haben, ist in der Praxis nahezu immer gegeben und wird für das Simplexverfahren daher allgemein vorausgesetzt.

Nun kann man das Verfahren genau wie im ersten Schritt durchführen und erreicht eine Verbesserung der Basislösung. Sollten dann in der Gewinnfunktion (ausgedrückt durch die Variablen, die in der Basislösung Null sind) sämtliche Koeffizienten negativ sein, so hat man die optimale Lösung gefunden. Solange noch ein Koeffizient positiv ist, wird der nächste Schritt für die entsprechende Variable durchgeführt. Auf diese Weise darf man hoffen, sich der optimalen Lösung Schritt für Schritt zu nähern. Die Sonderfälle, die während des Verfahrens auftreten können, werden in Abschn. 4.2.3 zusammengestellt.

4.2.2 Darstellung der Simplexmethode in Matrizenschreibweise

In diesem Abschnitt wird kein neues Verfahren vorgestellt. Es wird versucht, das Verfahren von Abschn. 4.1.1 in Matrixschreibweise etwas übersichtlicher darzustellen. Um Ungleichungen in Matrixschreibweise darstellen zu können, muß zunächst eine Ordnungsbeziehung zwischen (m,n)-Matrizen erklärt sein.

Definition 4.1 Sind A, B Matrizen, dann gilt

$$A \leqslant B \Longleftrightarrow a_{ik} \leqslant b_{ik}$$

für alle in Frage kommenden Paare (i, k).

Damit läßt sich das System von Ungleichungen Gl. (4.6) in der Form $A^* \, x^* \leqslant d$ schreiben. Es ist dabei

$$A^* = \begin{pmatrix} a_{11} & a_{12} & \cdots & a_{1n} \\ a_{21} & a_{22} & \cdots & a_{2n} \\ \vdots & & & \vdots \\ a_{m1} & a_{m2} & \cdots & a_{mn} \end{pmatrix}$$

$$\mathbf{x}^* = \begin{pmatrix} x_1 \\ x_2 \\ \vdots \\ x_n \end{pmatrix} \quad \text{und} \quad \mathbf{d} = \begin{pmatrix} d_1 \\ d_2 \\ \vdots \\ d_m \end{pmatrix}$$

Ebenso haben wir schon für lineare Gleichungssysteme die Matrixschreibweise verwendet (vgl. Abschn. 3.2.4). Nach Einführung der Schlupfvariablen entsteht das lineare Gleichungssystem

$$\mathbf{A}\,\mathbf{x} = \mathbf{d} \tag{4.11}$$

mit
$$\mathbf{A} = \begin{pmatrix} a_{11} & a_{12} & \dots a_{1n} & 100\dots 0 \\ a_{21} & a_{22} & \dots a_{2n} & 010\dots 0 \\ \vdots & & & \\ a_{m1} & a_{m2} & \dots a_{mn} & \underbrace{000\dots 1}_{m} \end{pmatrix} \qquad \mathbf{x} = \begin{pmatrix} x_1 \\ x_2 \\ \vdots \\ x_{n+m} \end{pmatrix}$$

und $\mathbf{d}$ wie vorher, das zu dem Ungleichungssystem offenbar äquivalent ist.

Zur Lösung könnte man etwa die elementaren Umformungen von Abschn. 2.2 (etwa Definition 2.4) durchführen. Man kann aber sogar noch die Zielfunktion mit in die Matrixschreibweise aufnehmen und zwar in Form einer letzten Zeile, die zur Umformung der übrigen Matrix nicht mit verwendet wird. Dazu gehen wir aus von der Darstellung von G in Gl. (4.10). Der konstante Summand

$$g_1\,\frac{d_\rho}{a_{\rho 1}}$$

ist der Wert der Gewinnfunktion G, denn die vorkommenden Variablen sind in der Basislösung alle gleich Null.

Nach dem r-ten Schritt wird man zweckmäßigerweise so schreiben

$$g_{1r}x_1 + g_{2r}x_2 + \dots + g_{n+m,r}x_{n+m} = -k_r$$

Die zu den Basisvariablen gehörigen Koeffizienten müssen gleich Null sein. Vor Beginn des Verfahrens heißt die entsprechende Gleichung

$$g_1 x_1 + g_2 x_2 + \dots + g_n x_n + g_{n+1}x_{n+1} + \dots + g_{n+m}x_{n+m} = 0$$
$$= 0 \qquad\qquad = 0$$

Bezeichnet man

$$\mathbf{g} = (g_1, g_2, \dots, g_{n+m}) \quad \text{und} \quad \mathbf{g}_r = (g_{1r}, g_{2r}, \dots, g_{n+mr})$$

so schreibt man kurz für die beiden letzten Gleichungen

$$\mathbf{g}_r\mathbf{x} = k_r \quad \text{und} \quad \mathbf{g}\mathbf{x} = 0 \tag{4.12}$$

B Die beiden Gleichungen kann man nun als letzte Zeile mit zum Gleichungssystem (4.11) hinzunehmen

$$\begin{pmatrix} A \\ g \end{pmatrix} x = \begin{pmatrix} d \\ 0 \end{pmatrix}$$

Dann werden die soeben beschriebenen Äquivalenzumformungen des linearen Gleichungssystems vorgenommen. Bezeichnet man nach dem r-ten Schritt das Schema, das aus A geworden ist, mit A_r und entsprechend g_r, so erhält man das Gleichungssystem

$$\begin{pmatrix} A_r \\ g_r \end{pmatrix} x = \begin{pmatrix} d_r \\ -k_r \end{pmatrix}$$

Man hat so umgeformt, daß die m Koeffizienten der Basisvariablen gleich Null sind. Nach den Basisvariablen ist aufgelöst, d. h., sie kommen jeweils nur in einer Zeile des Gleichungssystems vor. Die den Basisvariablen entsprechende (m + 1, m)-Teilmatrix von $\begin{pmatrix} A_r \\ g_r \end{pmatrix}$ muß daher folgendes Aussehen haben

$$\begin{pmatrix} 1 & 0 & & \cdots & & 0 \\ 0 & 1 & 0 & & & 0 \\ \vdots & \vdots & \vdots & & & \vdots \\ & & & & & 0 \\ 0 & 0 & 0 & \cdots & 0 & 1 \\ 0 & 0 & 0 & & & 0 \end{pmatrix}$$

An der Matrix $\begin{pmatrix} A_r \\ g_r \end{pmatrix}$ kann man weiter folgendes ablesen. Sind alle Elemente in der letzten Zeile negativ, so kann man das Verfahren abbrechen. Der optimale Gewinn ist k_r. Im anderen Fall wird der nächste Schritt des Verfahrens durchgeführt.

An dem Beispiel aus Abschn. 4.1.2 sollen die einzelnen Stufen des Verfahrens in Matrixschreibweise gezeigt werden.

$$\begin{pmatrix} 2 & 1 & 1 & 0 & 0 & 0 \\ 1 & 1 & 0 & 1 & 0 & 0 \\ 1 & 0 & 0 & 0 & 1 & 0 \\ 0 & 1 & 0 & 0 & 0 & 1 \\ 8000 & 5000 & 0 & 0 & 0 & 0 \end{pmatrix} \begin{pmatrix} x_1 \\ x_2 \\ x_3 \\ x_4 \\ x_5 \\ x_6 \end{pmatrix} = \begin{pmatrix} 200 \\ 130 \\ 90 \\ 80 \\ 0 \end{pmatrix}$$

B

$$\begin{pmatrix} 0 & 1 & 1 & 0 & -2 & 0 \\ 0 & 1 & 0 & 1 & -1 & 0 \\ 1 & 0 & 0 & 0 & 1 & 0 \\ 0 & 1 & 0 & 0 & 0 & 1 \\ 0 & 5000 & 0 & 0 & -8000 & 0 \end{pmatrix} \begin{pmatrix} x_1 \\ x_2 \\ x_3 \\ x_4 \\ x_5 \\ x_6 \end{pmatrix} = \begin{pmatrix} 20 \\ 40 \\ 90 \\ 80 \\ -720000 \end{pmatrix}$$

$$\begin{pmatrix} 0 & 1 & 1 & 0 & -2 & 0 \\ 0 & 0 & -1 & 1 & 1 & 0 \\ 1 & 0 & 0 & 0 & 1 & 0 \\ 0 & 0 & -1 & 0 & +2 & 1 \\ 0 & 0 & -5000 & 0 & 2000 & 0 \end{pmatrix} \begin{pmatrix} x_1 \\ x_2 \\ x_3 \\ x_4 \\ x_5 \\ x_6 \end{pmatrix} = \begin{pmatrix} 20 \\ 20 \\ 90 \\ 60 \\ -820000 \end{pmatrix}$$

$$\begin{pmatrix} 0 & 1 & -1 & 2 & 0 & 0 \\ 0 & 0 & -1 & 1 & 1 & 0 \\ 1 & 0 & 1 & -1 & 0 & 0 \\ 0 & 0 & -3 & 2 & 0 & 1 \\ 0 & 0 & -3000 & -2000 & 0 & 0 \end{pmatrix} \begin{pmatrix} x_1 \\ x_2 \\ x_3 \\ x_4 \\ x_5 \\ x_6 \end{pmatrix} = \begin{pmatrix} 60 \\ 20 \\ 70 \\ 120 \\ -860000 \end{pmatrix}$$

Der genaue Übergang von einer Matrixgleichung zur nächsten besteht aus elementaren Umformungen, die in Abschn. 4.2.1 ausführlich beschrieben sind. Deshalb sehen wir an dieser Stelle von Einzelheiten ab. Man kann sich vorstellen, daß jemand, der oft und viel solche Optimierungsprobleme lösen muß, sich auch erspart, den Vektor

$$\begin{pmatrix} x_1 \\ \vdots \\ x_6 \end{pmatrix}$$

und die Gleichheitszeichen mitzuführen. Er wird nur noch die Zahlen der erweiterten Koeffizientenmatrix aufschreiben.

Die einzelnen Stufen des Verfahrens werden in Tabellen, den sogenannten Tableaus, eingetragen. Der praktisch verwendete Algorithmus wurde insofern noch stark verbessert, als man damit auch die Sonderfälle, die in Abschn. 4.2.3 zusammengestellt sind, erfassen kann.

Viele andere in der Praxis verwendete Algorithmen sind auf ähnlichem Wege über die Matrixschreibweise hin zur Perfektion entwickelt worden. Als einfaches Beispiel sei der Gaußsche Algorithmus zur Auflösung linearer Gleichungssysteme genannt.

B 4.2.3 Sonderfälle und Verallgemeinerungen des Simplexverfahrens

1. Die Entartung des Systems wurde bereits bei der Diskussion der Gewinnfunktion Gl. (4.10) angedeutet. Falls nicht alle (m,m)-Untermatrizen von A den Rang m haben, spricht man von Entartung des Systems. Dabei kann der Fall auftreten, daß es gar keine optimale Lösung gibt oder daß es mehrere optimale Lösungen gibt.

2. Nach einem Schritt des Simplexverfahrens sind sämtliche Koeffizienten der Zielfunktion negativ. In diesem Fall gibt es eine eindeutig bestimmte optimale Lösung.

3. Nach einem Schritt des Simplexverfahrens ist ein Koeffizient g_ρ in der Zielfunktion positiv. Dann sind zwei Fälle zu unterscheiden

a) $a_{i\rho} \leqslant 0$ für alle $i = 1, \ldots, m$; dann kann G beliebig groß gemacht werden.
b) ein $a_{i\rho} > 0$; dann kann das Verfahren fortgesetzt werden.

4. Nach einem Schritt des Verfahrens sind sämtliche Koeffizienten der Zielfunktion negativ oder gleich Null. Mindestens einer davon ist gleich Null, der zu einer Basisvariablen gehört; dann gibt es mindestens zwei verschiedene optimale Lösungen und die ganze Verbindungsstrecke der beiden Lösungen besteht ebenfalls aus optimalen Lösungen.

5. Eine Verallgemeinerung der Problemstellung liegt darin, daß die einschränkenden Bedingungen nicht alle durch das $\leqslant$-Zeichen, sondern teils auch durch =-Zeichen oder durch das >-Zeichen gegeben sind. Für diese Fälle läßt sich mit einiger Mühe ein modifiziertes Simplexverfahren konstruieren.

6. Eine weitere Verallgemeinerung besteht darin, daß nicht ein Maximum, sondern ein Minimum der Zielfunktion gesucht wird. In dem Fall kann man zwei verschiedene Lösungswege einschlagen. Einmal läßt sich auch dieser Fall mit einem etwas verallgemeinerten Simplexverfahren behandeln. Zum zweiten läßt sich das Problem dualisieren und auf ein Maximumproblem zurückführen, das mit dem Simplexverfahren behandelt werden kann.

7. Zusammenhang des Simplexverfahrens mit der Verallgemeinerung des graphischen Verfahrens auf den n-dimensionalen Fall.

Der folgende Teilabschnitt ist eine geometrische Interpretation der Ausführungen über lineare Gleichungssysteme. Die notwendigen geometrischen Grundbegriffe werden hier nicht ausführlich erklärt. Wir betrachten eine lineare Gleichung der Form

$$a_1 x_1 + a_2 x_2 + \ldots + a_n x_n = d \tag{4.13}$$

Aufgrund unserer Kenntnisse über lineare Gleichungssysteme dürfen wir (falls ein $a_i \neq 0$) eine Lösungsmenge der Dimension $n - 1$ erwarten (RgA = 1). So etwas nennt man eine $(n - 1)$-dimensionale H y p e r e b e n e des n-dimensionalen Raumes. Beispiele sind die Gerade in der Ebene

$$a_1 x_1 + a_2 x_2 = d$$

oder die Ebene

$$a_1 x_1 + a_2 x_2 + a_3 x_3 = d$$

im dreidimensionalen Raum. So wie die Gerade die Ebene in zwei Halbebenen und die Ebene den Raum in zwei Halbräume teilt, so teilt die $(n - 1)$-dimensionale Hyperebene den Raum in zwei Halbräume. Die Halbräume werden dadurch gegeben, daß man in Gl. (4.13) das Gleichheitszeichen durch die Zeichen $\leqslant$ bzw. $\geqslant$ ersetzt. Nun kann die allgemeine Aufgabenstellung folgendermaßen interpretiert werden: Durch das Ungleichungssystem (4.6) zusammen mit den Bedingungen $x_i \geqslant 0$ $(i = 1, 2, \ldots, n)$ wird der Durchschnitt von $(m + n)$ Halbräumen definiert. Es wird der Punkt des Durchschnitts gesucht, in dem die Gewinnfunktion das Maximum annimmt. Im zweidimensionalen Fall kann man relativ einfach zeigen, daß in einem durch Geraden beschränkten Gebiet eine lineare Gewinnfunktion in mindestens einem der Eckpunkte ihr Maximum annimmt. Dieser Sachverhalt läßt sich verallgemeinern: In einem beschränkten konvexen Polyeder nimmt eine lineare Gewinnfunktion in mindestens einem der Eckpunkte ihr Maximum an (Hauptsatz der linearen Optimierung). Übrigens nennt man die besonders einfachen n-dimensionalen Polyeder auch n-dimensionale S i m p l e x e, und daher hat die Simplexmethode ihren Namen.

Aber nicht nur die Existenz der Lösung kann man aus dieser geometrischen Verallgemeinerung ablesen. Ähnlich wie im zweidimensionalen Fall kann man auch im allgemeinen Fall das Lösungsverfahren „geometrisch" interpretieren. Man geht von einem Eckpunkt des Polyeders aus und nähert sich sukzessive, indem man von einem Eckpunkt zum nächsten übergeht, dem Eckpunkt, in dem die Gewinnfunktion ihr Optimum annimmt.

Aufgaben

4.1 Man stelle die Lösungsmengen folgender Systeme von Ungleichungen graphisch dar

a) $x > 0,$ $y \leqslant 0$

b) $2x + 3y < 12,$ $x - y > 1$

c) $x \geqslant 0,$ $y \leqslant x + 2$

       $y \geqslant 0,$ $y + 4x \leqslant 12$

d) $|x| + |y| \leqslant 1$

4.2 Die Post schreibt für Päckchen in Rollenform Höchst- und Mindestmaße vor, die sich folgendermaßen als Ungleichungen schreiben lassen (x ist die Länge der Rolle, y der Durchmesser der Rolle in cm):

$$x + 2y \leqslant 100; \qquad 10{,}5 \leqslant x \leqslant 80; \qquad 2 \leqslant y.$$

Wie sieht der Bereich der x,y-Ebene aus, in dem und auf dessen Rand die Punkte mit den rechtwinkligen Koordinaten x, y liegen, die den zulässigen Rollenformen entsprechen? (Zeichnung!)

4.3 Kann man das folgende lineare Gleichungssystem

$$\begin{aligned}
x_1 + x_2 + x_3 + x_4 + x_5 &= 100 \\
2x_1 + 4x_2 + 6x_3 + 8x_4 + 10x_5 &= 1000 \\
6x_1 + 5x_2 + 4x_3 + 3x_4 + x_5 &= 500
\end{aligned}$$

so umformen, daß es nach x_2, x_3 und x_4 „aufgelöst" ist? H i n w e i s: Man fasse x_1 und x_5 als Konstante auf

B **4.4** Man löse rechnerisch und zeichnerisch das folgende Optimierungsproblem

$$x_1 + 3\,x_2 \leqslant 16,$$
$$2\,x_1 + \ x_2 \leqslant 17 \qquad x_1 \geqslant 0,\, i = 1,2$$
$$3\,x_1 + 2\,x_2 \leqslant 27,$$
$$G = 40\,x_1 + 30\,x_2 \quad \text{Max!}$$

4.5 Man gebe zu dem folgenden Modell eine praktische Aufgabenstellung an:

$$\begin{pmatrix} 1 & 2 & 4 \\ 2 & 1 & 2 \\ 3 & 2 & 2 \end{pmatrix} \begin{pmatrix} x_1 \\ x_2 \\ x_3 \end{pmatrix} \leqslant \begin{pmatrix} 32 \\ 42 \\ 30 \end{pmatrix} \qquad x_i \geqslant 0,\, i = 1,\, 2,\, 3$$

$$G = 6\,x_1 + 10\,x_2 + 12\,x_3 \ \text{Max!}$$

4.6

$$x_1 + x_2 + x_3 \leqslant 40$$
$$x_3 \leqslant 30 \qquad x_2 \geqslant 0 \quad x_3 \geqslant 0$$
$$x_1 + x_2 \qquad \leqslant 20$$
$$G = x_1 + 2\,x_2 + 5\,x_3 \ \text{Max!}$$

4.7 Man löse die Aufgaben 7 und 8 zuerst zeichnerisch, dann rechnerisch:

$$4\,x_1 + \ x_2 \leqslant 200$$
$$5\,x_1 + 3\,x_2 \leqslant 300 \qquad x_1 \geqslant 0,\ x_2 \geqslant 0$$
$$x_2 \leqslant \ 60$$
$$G = 80\,x_1 + 48\,x_2 \ \text{Max!}$$

4.8

$$3\,x_1 - 6\,x_2 \leqslant 210$$
$$x_1 - 4\,x_2 \leqslant \ 40 \qquad x_1 \geqslant 0,\ x_2 \geqslant 0$$
$$x_1 - \ x_2 \geqslant \ 20$$
$$G = 80\,x_1 + 50\,x_2 \ \text{Max!}$$

H i n w e i s. Man forme zunächst das System der einschränkenden Bedingungen so um, daß nur noch das Zeichen $\leqslant$ vorkommt.

4.3 Lineare Optimierung im Schulunterricht   C

4.3.1 Gründe, die für die Einführung der linearen Optimierung in den Schulunterricht sprechen

Viele der Anforderungen, die im Zuge der Curriculumforschung an den Mathematikunterricht gestellt werden, sind im Gebiet der linearen Optimierung besonders weitgehend zu verwirklichen. Da stellt sich zunächst die Frage nach der Anwendbarkeit in der Praxis. In fast allen Bereichen der Wirtschaft kommt es darauf an, die Arbeitskraft optimal einzusetzen. Das führt fast immer auf Probleme der linearen Optimierung; die lineare Optimierung gehört heute zum Standardwissen jedes Betriebs- und Volkwirts. Aber auch im täglichen Leben jedes einzelnen lassen sich viele Tätigkeiten durch die lineare Optimierung erleichtern. Wie richtet man optimal eine Küche ein, damit die Hausfrau eine möglichst geringe Gesamtstrecke zu laufen hat? In welcher Reihenfolge erledigt man am besten die vorgesehenen Einkäufe? Selbst militärische Fragen und Fragen der Versorgung eines Notstandsgebiets mit Lebensmitteln können mit Methoden der linearen Optimierung behandelt werden.

Nun ist es aber keineswegs so, daß die lineare Optimierung als ein notwendiges Übel dem Mathematikunterricht aufgepfropft werden muß. Im Gegenteil paßt sie sich hervorragend den neueren Tendenzen des Mathematikunterrichts an. Die zentralen Begriffe Abbildung, Gleichung etc. erfahren gerade durch die Behandlung der Ungleichungen Variation und Vertiefung. Die Monotonie, mit der man der Reihe nach verschiedene Gleichungssysteme besprach, wird durch eingestreute Behandlung entsprechender Ungleichungen sinnvoll unterbrochen. Während etwa bei der Behandlung von Geradengleichungen das Augenmerk leicht zu sehr auf die Punktmenge Gerade gerichtet ist, wird durch die Betrachtung der Gebiete, die entstehen, das Augenmerk auf das Ganze (die Ebene) gerichtet, in dem der Vorgang stattfindet. Daher bietet die lineare Optimierung eine geradezu ideale Verbindung von mathematischer Theorie und praktischen Anwendungen.

Es liegt einer der seltenen Fälle vor, in denen die Wirksamkeit graphischer Methoden demonstriert werden kann, denn der graphischen Methode gebührt jedenfalls im zweidimensionalen Fall eindeutig die Vorrangstellung in der Schule, da sich die Sonderfälle im Schwierigkeitsgrad nicht wesentlich vom Normalfall unterscheiden, während die Sonderfälle bei der algebraischen Behandlung erheblich größere Schwierigkeiten machen als der Normalfall.

Der Schwierigkeitsgrad der Aufgabenstellung ist im übrigen außerordentlich weit gefächert. Von einfachsten Fragestellungen für den Schüler der Orientierungsstufe bis zu schwierigen Problemen für den Studenten (vgl. Abschn. 4.2.3) reicht die Skala; man kann also mit diesem Themenbereich den verschiedensten Anforderungen gerecht werden.

4.3.2 Beispiele für die Schule

Mit den folgenden Beispielen soll gleichzeitig gezeigt werden, wie sich einige Ausartungsfälle von Abschn. 4.2.3 mit graphischen Methoden erfassen lassen.

C **Beispiele. 4.1** In einem Betrieb werden zwei verschiedene Arten Taschenrechner (T_1 und T_2) hergestellt. An dem größeren Taschenrechner T_1 werden 20 DM pro Stück verdient, an dem kleineren 10 DM. Da die Zulieferfirma von einem speziellen Einbauteil für den Rechner T_1 in der Woche nur 30 Stück liefern kann, können höchstens 30 solche Rechner in der Woche produziert werden. Wegen des fertigen Einbauteils wird für den Zusammenbau des Rechners T_1 nur ein drittel der Zeit benötigt, die für den Zusammenbau von T_2 erforderlich ist. Insgesamt reicht die Arbeitszeit höchstens zur Herstellung von 90 Rechnern T_1, 30 Rechnern T_2 oder einer entsprechenden Kombination. In der Verpackungsabteilung sind die Verhältnisse anders gelagert. Der Rechner T_1 erfordert die doppelte Verpackungszeit wie der Rechner T_2. Insgesamt können in einer Woche höchstens 70 Rechner T_2 oder eine entsprechende Kombination von T_1 und T_2 verpackt werden. Wieviele Rechner von jeder Sorte sollten pro Woche hergestellt werden, damit der Gesamtgewinn maximal ist?

Die Fragestellung führt auf das folgende mathematische Modell (s. Fig. 4.2).

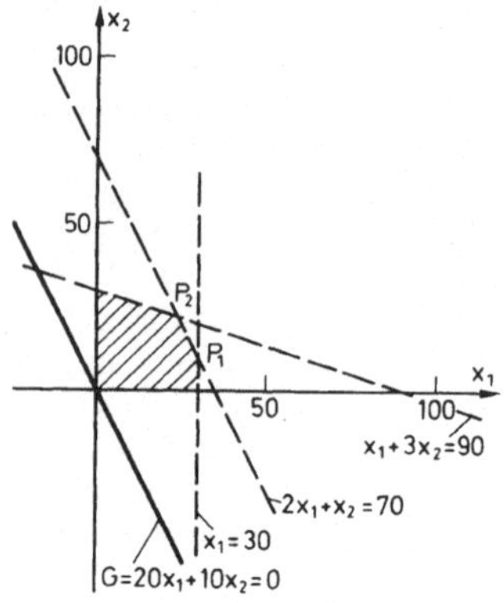

Fig. 4.2

a) $G = 20\,x_1 + 10\,x_2$ Max!

   $x_1 \qquad \leqslant 30$

b) $x_1 + 3\,x_2 \leqslant 90$

   $2\,x_1 + x_2 \leqslant 70$

c) $x_1 \geqslant 0,\ \ x_2 \geqslant 0$

Die Gewinngerade $G = 0$ liegt parallel zu der Geraden $2\,x_1 + x_2 = 70$, durch die die dritte einschränkende Bedingung verdeutlicht wird. Daher sind alle Punkte der Geraden $2\,x_1 + x_2 = 70$, die zu dem schraffierten Gebiet der Fig. 4.2 gehören, Lösungspunkte, beispielsweise P_1 (30/10) und P_2 (25/20). Der zugehörige Gewinn beträgt in beiden Fällen 700 DM.

4.2 Eine Agentur vermittelt Geigen- und Orgelunterricht. Sie verdient pro erteilte Geigenstunde 2 DM und pro Orgelstunde 3 DM. Da nur eine Orgel zur Verfügung steht, können täglich höchstens 10 Orgelstunden gegeben werden. Wieviel Geigen- bzw. Orgelstunden muß die Agentur vermitteln, um möglichst gut zu verdienen?

Zu dieser Aufgabe gehört das mathematische Modell (s. Fig. 4.3)

a) $G = 3 x_1 + 2 x_2$ Max!

b) $x_1 \leqslant 20$

c) $x_1 \geqslant 0$ $x_2 \geqslant 0$

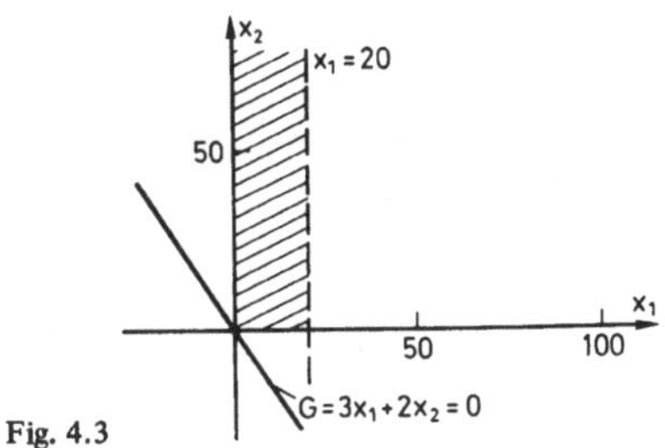

Fig. 4.3

Die zulässigen Lösungen liegen in dem schraffierten Streifen in der Fig. 4.3. Da der Streifen in x_2-Richtung nicht begrenzt ist, kann man die Gewinngerade $G = 3 x_1 + 2 x_2$ in dieser Richtung beliebig parallel verschieben; sie hat immer Punkte mit dem Gebiet der zulässigen Lösungen gemeinsam. Daher gibt es keine optimale Lösung. Der algebraische Lösungsweg führt nach Einführung der Schlupfvariablen x_3 auf das Gleichungssystem

$$x_1 + 0 x_2 + x_3 = 20$$

Da nicht jede Teilmatrix der Koeffizientenmatrix (1 0 1) den Rang 1 hat, liegt der ausgeartete Fall vor.

4.3 Eine Reifenfirma stellt in zwei Werken W_1 und W_2 Reifen für die Automobilfirmen A_1, A_2 und A_3 her. Die Höhe der monatlichen Produktion und die monatlichen Produktionskosten der Reifenfirma sind in Fig. 4.4 zusammengestellt; ebenso der monatliche Bedarf der Automobilwerke.

	Monatsproduktion in W_1	Monatsproduktion in W_2	monatlicher Bedarf
für A_1	1	1	50
für A_2	1	0	20
für A_3	1	2	60
monatliche Produktionskosten	300	200	

Fig. 4.4

C Wieviel Tage muß mindestens monatlich in den Reifenwerken gearbeitet werden, damit die Automobilwerke genügend Reifen bekommen und die Herstellungskosten möglichst niedrig bleiben?

Aus Fig. 4.4 ergibt sich folgendes mathematische Modell

a) $G = 300\,x_1 + 100\,x_2$ Min!

$x_1 + x_2 \;\geqslant 50$

b) $x_1 \qquad \geqslant 20$

$x_1 + 2\,x_2 \geqslant 60$

c) $x_1 \geqslant 0$ $x_2 \geqslant 0$

Das mathematische Modell führt zu Fig. 4.5.

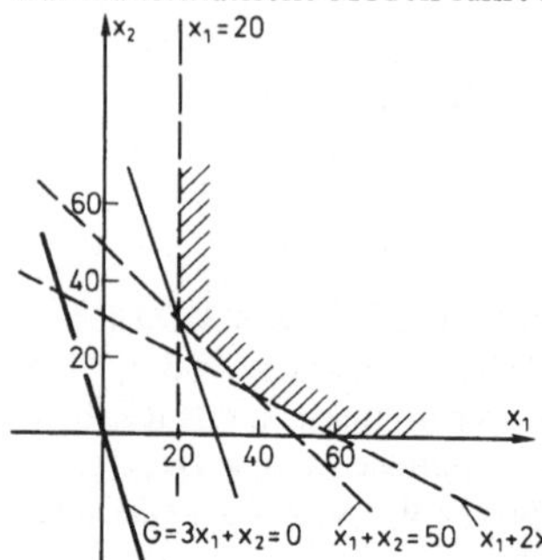

Fig. 4.5

Die Lösung P_1 (20/30) läßt sich graphisch sofort ermitteln. Es muß monatlich in W_1 20 Tage und in W_2 30 Tage gearbeitet werden. Die Herstellungskosten betragen dann 9000 DM.

Für ein letztes Beispiel soll nur das math. Modell angegeben werden:

4.4 (s. Fig. 4.6)

a) $G = 30\,x_1 + 60\,x_2$ Max!

$x_1 + x_2 \geqslant 50$

b) $x_1 + x_2 \leqslant 30$

c) $x_1 \geqslant 0,\;\; x_2 \geqslant 0$

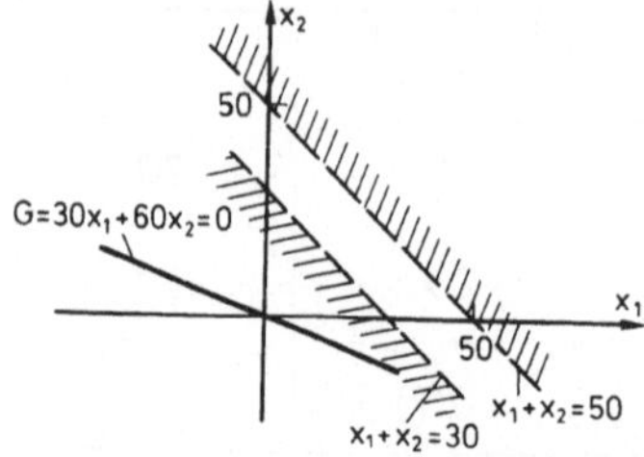

Fig. 4.6

Der Durchschnitt der durch die einschränkenden Bedingungen definierten Halbebenen   C
ist leer. Die Bedingungen widersprechen sich. Es gibt keine Lösung.

4.3.3 Verteilung des Themas auf die verschiedenen Schulstufen und Schularten

Vor der Behandlung von Problemstellungen der linearen Optimierung im Schulunterricht muß eine Reihe von Kenntnissen und Fähigkeiten bei den Schülern vorhanden sein. Aus dem Geometrieunterricht muß die Fertigkeit vorhanden sein, Geraden im Koordinatensystem einzuzeichnen und Gebiete als Durchschnitt von Halbebenen zu erkennen. In der Algebra müssen elementare Kenntnisse der Gleichungslehre zur Verfügung stehen. Die Schüler müssen Lösungsmengen von linearen Gleichungen und Ungleichungen graphisch darstellen können. Weiter muß die Fähigkeit bestehen, einfache Textaufgaben in Gleichungen und Ungleichungen zu übersetzen.

In der Hauptschule wird man sich auf die graphische Behandlung von Fragestellungen der linearen Optimierung beschränken. Dazu ist es erforderlich, ausführlich die graphische Darstellung von Ungleichungen zu diskutieren (Klasse 7 und 8), die an sich schon reizvoll ist. Auch die Übersetzung von Textaufgaben in mathematische Modelle macht erhebliche Schwierigkeiten und muß reichlich geübt werden. Wenn die Möglichkeit gesichert ist, die einschränkenden Bedingungen von Problemen der linearen Optimierung graphisch darzustellen, kann man etwa ab Klasse 9 mit der Diskussion der Zielfunktion beginnen. Dabei wird man sich immer auf den Normalfall beschränken (Nicht-Negativitätsbedingungen erfüllt, beschränktes Gebiet, eindeutig bestimmte Lösung). Es wird zunächst die sogenannte Eckpunktmethode eine große Rolle spielen, bei der man die Werte der Zielfunktion (Gewinne) in den einzelnen Eckpunkten berechnet und vergleicht. Ob man die graphische Darstellung der Zielfunktion einschließlich der Parallelverschiebung diskutieren kann, hängt von der Leistungsfähigkeit der Schüler und vom Stand der Klasse ab. Gegebenenfalls bieten sich hier Differenzierungsmöglichkeiten.

In der Realschule kann man in dem Gebiet der linearen Optimierung erheblich weiter vordringen. Es sollte die rechnerische Behandlung von linearen Ungleichungen besprochen werden (7./8. Schuljahr). Gerade das Gebiet der Ungleichungen macht ja die Begriffe Aussageform, Lösungsmenge usw. der modernen Sprechweise besonders deutlich. Kenntnis im Umgang mit Ungleichungen ist Voraussetzung, um die wichtigen Näherungsverfahren (Kreisberechnungen, usw.) einsichtig zu machen. Dabei halten wir es durchaus für möglich, auch einmal ein Beispiel mit 3 Variablen zu behandeln. Der geometrischen Behandlung der Sonderfälle (vgl. etwa die Beispiele in Abschn. 4.3.2) steht nichts im Wege. Dagegen möchten wir ausdrücklich davor warnen, eine systematische allgemein algebraische Behandlung von Fragen der linearen Optimierung in der Realschule durchzuführen.

Eine solche systematische Behandlung ist aber möglich in einem Wahlgebiet der Oberstufe an Gymnasien. Alle Fragestellungen aus [7] etwa können dort behandelt werden. Aber die exakte mathematische Begründung wird auch dort nur vorbereitet werden können.

Literaturverzeichnis

[1] B o t s c h, O.: Rechnen mit Matrizen. 2. Aufl. Frankfurt/Main 1970
[2] B r e h m e r, S.; B e l k n e r, H.: Einführung in die analytische Geometrie und lineare Algebra. 2. Aufl. Berlin 1968
[3] K o l m a n, B.: Elementary Linear Algebra. London 1970
[4] K o w a l s k y, H.-J.: Lineare Algebra. Berlin 1963
    —   : Einführung in die lineare Algebra. Berlin 1971
[5] N o b l e, B.: Applied Linear Algebra. 5. Aufl. New Jersey 1969
[6] S a w y e r, W. W.: A Path to Modern Mathematics. Baltimore 1966
[7] S c h i c k, K.: Lineares Optimieren. Frankfurt/Main 1972
[8] S p e r n e r, E.: Einführung in die analytische Geometrie und Algebra. Tl. 1 7. Aufl. 1969, Tl. 2 5. Aufl. 1964. Göttingen
[9] Grundkurs Mathematik III, 3: Vektorräume, affine Räume. Deutsches Institut für Fernstudien, 1973

Sachverzeichnis

Teubner Studienbücher

Mathematik

Böhmer: **Spline-Funktionen**
Theorie und Anwendungen. 340 Seiten. DM 24,80

Clegg: **Variationsrechnung**
138 Seiten. DM 14,80

Collatz: **Differentialgleichungen**
Eine Einführung unter besonderer Berücksichtigung der Anwendungen
5. Aufl. 226 Seiten. DM 18,80 (LAMM)

Collatz/Krabs: **Approximationstheorie**
Tschebyscheffsche Approximation mit Anwendungen. 208 Seiten. DM 26,80

Constantinescu: **Distributionen und ihre Anwendung in der Physik**
144 Seiten. DM 16,80

Fischer/Sacher: **Einführung in die Algebra**
238 Seiten. DM 15,80

Grigorieff: **Numerik gewöhnlicher Differentialgleichungen**
Band 1: Einschrittverfahren. 202 Seiten. DM 13,80
Band 2: Mehrschrittverfahren

Hainzl: **Mathematik für Naturwissenschaftler**
311 Seiten. DM 29,— (LAMM)

Hilbert: **Grundlagen der Geometrie**
11. Aufl. VII, 271 Seiten. DM 18,80

Jaeger/Wenke: **Lineare Wirtschaftsalgebra**
Eine Einführung
Band 1: XVI, 174 Seiten. DM 17,80 (LAMM)
Band 2: IV, 160 Seiten. DM 17,80 (LAMM)

Kochendörffer: **Determinanten und Matrizen**
IV, 148 Seiten. DM 14,80

Stiefel: **Einführung in die numerische Mathematik**
Eine Darstellung unter Betonung des algorithmischen Standpunktes
4. Aufl. 257 Seiten. DM 18,80 (LAMM)

Stummel/Hainer: **Praktische Mathematik**
299 Seiten. DM 26,80

Topsøe: **Informationstheorie**
Eine Einführung. 88 Seiten. DM 11,80

Walter: **Biomathematik für Mediziner**
148 Seiten. DM 14,80

Witting: **Mathematische Statistik**
Eine Einführung in Theorie und Methoden. 2. Aufl. 223 Seiten. DM 24,— (LAMM)

Preisänderungen vorbehalten